rockynook

THE ENTHUSIAST'S GUIDE TO NIGHT AND LOW-LIGHT PHOTOGRAPHY

夜景与弱光摄影

拍出好照片的50个关键技法

[美] 艾伦·赫斯 (Alan Hess) 著　　朱禛子 译

人民邮电出版社

北京

致纳德拉·法里纳·赫斯

致　　谢

写一本关于夜景摄影和弱光摄影的书，就意味着需要在晚上出去拍照。因此，这就会让你一直以来按部就班的正常生活掀起层层波澜。在这里，我要感谢我的妻子纳德拉一直以来的理解和支持。没有她的爱与支持，也就没有这本书的诞生。

打造出这样一本精美的图书当然不能抹去合作团队的功劳，我要感谢 Rocky Nook 公司的团队，我对我们的合作过程感到非常满意。我要感谢所有帮助我，将我的文字与照片转变为这么一部让我引以为豪的佳作的人们。感谢斯科特·考林、特德·韦特、乔斯林·豪厄尔、梅赛德斯·默里、莉萨·巴拉希尔，感谢你们在创作这些高品质摄影作品中所付出的辛勤劳动，以及你们为工作的奉献精神。

感谢我的家人和朋友，谢谢你们在我需要新的拍摄对象时挺身而出，谢谢你们所付出的宝贵时间并理解我的那些奇怪的请求。

我要特别感谢我的侄子泰勒·托里克，本书中那张美到令人窒息的星轨照片就出自他的手，虽然他在拍摄过程中被昆虫咬伤，但是却捕捉到了夜空的美景。泰勒，谢谢你授予我这张照片的使用权。

我非常幸运地认识了一些了不起的摄影师。例如，当我需要一张月亮升至圣迭戈天际线那一刻的照片时，我知道我亲爱的朋友，Pixel Perfect Images 公司的丹尼尔·奈顿在此之前就已经拍摄了一张最佳照片。丹尼尔和我一起拍摄过太多的照片。他允许我使用他的照片，我对他的感激之情溢于言表。

几年前，我在 Photoshop 世界大会上谈论摄影知识时，凯西·赛勒询问我是否可以开设一门关于我是如何使用 Photoshop 处理夜景照片和弱光照片的课程。正是这个请求让我萌生了向大家介绍我所掌握的 Photoshop 技术的念头，从而才有了本书的第 5 章，谢谢凯西为我提供了这一想法。

在 Photoshop 世界大会当讲师这么多年，我与来自全世界的一些最出类拔萃的摄影师、设计师以及 Photoshop 专家成了朋友。能与这些艺术家一起并肩作战真是荣幸至极，我从他们每一个人身上都学到了不少东西，这些东西能够让我成为一名更优秀的摄影师兼作家。所以，真的特别感谢乔·麦克纳利、穆斯·彼得森、格林·杜伊斯、戴夫·克莱顿、斯科特·凯尔比、凯莉·格里尔、本·威尔摩、戴夫·克罗斯、伯特·蒙罗伊、科里·巴克、里克·萨蒙以及弗朗克·霍夫。

作家是一种孤独的职业，我花了很长时间坐在电脑前，试图找到一个合适的表达方式。非常幸运的是，我拥有很多摄影界的好朋友，我可以随时向他们寻求建议或鼓励。尼康专业的服务团队能够解决我在装备方面的所有问题，并且随时提供技术支持。在此特别感谢斯科特·迪尤沙、马克·苏班、麦克·科拉多、布赖恩·阿霍、马克·克顿霍芬、莎拉·伍德以及 JC.凯利。

最后，亲爱的读者，非常感谢你阅读这本书。如果没有你们的支持，我根本就无法完成这样的作品。

目　　录

目 录

第3章
在弱光条件下捕捉动作 54

第4章
弱光条件下的人像与风光摄影 74

第5章
弱光摄影照片的Photoshop后期处理技巧 106

第1章

夜景摄影与
弱光摄影基础

第 1 章

摄影是使用相机传感器或胶片捕捉从拍摄对象所反射的光线，并将其记录下来的一种行为。在光线充足的时候，摄影是一件非常容易的事情，然而如果遇到弱光条件，那么摄影就会变得十分困难。本章阐释了弱光摄影相对困难的原因，并且介绍了在弱光条件下打造最佳照片的一些摄影器材。我将夜景摄影与弱光摄影分为两类：拍摄动作和拍摄场景。这两种类型的拍摄对象的问题都是一致的——光线不足导致无法很容易地拍摄出好的照片，但其关键区别在于拍摄时需要更高的快门速度。

1. 夜景摄影与弱光摄影十分困难

在弱光条件下拍摄十分困难，因为光照条件不足，这似乎是一句废话。但光照不足真的会导致各种各样的问题。在光线不足的情况下，对焦会变得困难，从而难以获得准确的曝光。在弱光条件下拍摄运动和动作时通常景深都非常浅，因此对焦变得至关重要。同时，还需要使用很高的ISO让快门速度更快，从而让动作定格，但是高ISO会产生很多的数字噪点。

当你在光线不足的情况下拍摄时，不能再依赖于内置测光表来实现准确的曝光。如果使用任何一种自动曝光模式拍摄夜空，夜空中大面积的暗色可能会导致相机拍摄出曝光过度的照片。因此，拍摄夜空前需要进行详细规划，使用三脚架和相机快门线来完成长时间的曝光。

以下图片显示的是在夜间和弱光拍摄时可能出现的各种各样的问题，以及我针对这些问题所给出的解决办法。**图**1.1和**图**1.2显示的是需要我使用长时间曝光才能进行准确拍摄的弱光场景。如**图**1.2所示，长时间曝光导致水中的冲浪者犹如幽灵般的幻影。在这两种情况下，拍摄所使用的相机都需要安装在三脚架上，以确保它稳如泰山。

在弱光下捕捉动作要比捕捉静止的场景困难得多，因为较慢的快门速度会导致移动的物体看起来模糊或呈现出鬼魅的影像。没有人会希望让婚礼或演唱会的照片失焦。在拍摄**图**1.3和**图**1.4的时候，必须足够高的快门速度来将动作定格，这就意味着我需要使用很高的ISO和最大光圈来获得足够的光线，从而打造正确的曝光

图1.1　夕阳西下，码头橘灯初上，为这张照片呈现了一幅十分美好的画面。我需要用很长的曝光时间让足够的光线进入相机，于是我将相机安装在一个放置在桌面上的小型三脚架上，以保持曝光稳定
ISO 400；2秒；f/5；24mm

图 1.2 我使用了 10 秒的快门速度，这让海浪中的冲浪者变成了幽灵般的幻影
ISO 100；10 秒；f/16；20mm

图 1.3 我需要使用很高的快门速度来拍摄这位正在舞台上表演高空杂技的演员
ISO 2500；1/400 秒；f/2.8；130mm

图 1.4 在拍摄这位舞者的舞步时，我并不需要像拍摄那位高空杂技演员那样，使用极其高速的快门速度，但是我仍然需要使用 1/250 秒的快门速度来定格她踢腿的动作
ISO 2000；1/250 秒；f/2.8；200mm

2. 长时间曝光的优势与不足

快门速度控制快门打开的时间，也就是让光进入相机传感器的时间长短。快门打开的时间越长，所进入的光就越多。

如果快门被长时间打开，曝光过程中拍摄对象或相机的任何移动都可能导致图像模糊。这既可以是利，也可以是弊，利弊完全取决于拍摄主题。如果你在拍摄演唱会照片时尝试将动作定格，那么你可能就不想使用较长的快门速度。反之，如果你试图捕捉车灯沿着街道行进的光迹，那么使用较长的快门速度就是一个完美方案，因为它会让光线模糊，变得很美。

在使用长时间的快门速度时，需要注意以下一些方面。首先，需要确保相机尽可能稳定。第2章介绍了使用三脚架或独脚架的所有详细内容，以及在曝光期间保持相机稳定的其他方法。其次，你需要知道照片中的哪些物体将会发生移动。

图2.1和**图2.2**显示的是长时间曝光的一些优点。这是一个可以把时间的流逝压缩在一幅画面里的好办法。不过，使用较长时间的快门速度意味着你无法将拍摄对象的动作定格。

图2.1 我用了30秒的快门速度使水面看起来平静无波，并让倒影变得模糊
ISO 100；30秒；f/18；20mm

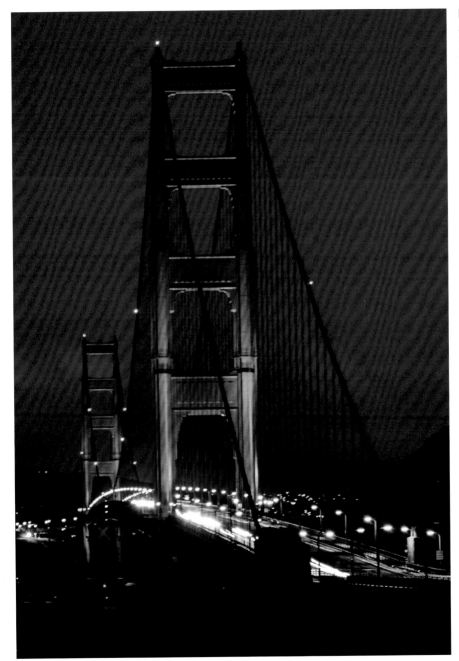

图**2.2** 使用长时间的快门速度时，在高架桥上川流而过的汽车的灯光变成了彩色的条纹
ISO 200；2秒；f/5.6；200mm

3. 大光圈的优势与不足

光圈是一个用来控制光线透过镜头，进入机身内传感器的装置。光圈这个术语也用来描述镜头的孔径大小，因为光圈值是分数形式表示的，所以分母越小，孔径越大，如**图3.1**所示。

在弱光下拍摄照片时，需要使用较长时间的快门速度来将动作定格（例如在音乐会或体育赛事中），应该尽可能使用大光圈。例如，我用f/2.8拍摄了大部分的音乐会照片，这是一个非常大的光圈值。

光圈还可以控制照片的景深——即照片中有多少范围是清晰

的。这是需要考虑的关键信息，因为当你使用大光圈拍摄以使尽可能多的光线到达传感器时，照片的景深将会变浅，这意味着大部分背景都会呈模糊的状态。如**图3.2**所示，焦点在表演者的脸上，而背景（与表演者的脸非常接近）却十分模糊。

在那个灯光昏暗的剧院里拍摄高空表演《神话》时，我使用的光圈值为f/2.8（如**图3.3**所示）。这有助于保证拍摄对象位于清晰范围之内，但是如果仔细观察，可以看到他位于后面的那一只脚比较模糊，因为它比身体的其他部分更靠后一些。

使用大光圈和浅景深的不利之处在于，在对焦于拍摄对象时必须非常精确，没有任何回旋余地。另一个问题是，最大光圈越大的镜头价格越高昂。例如，我一直使用的尼康 70-200mm f/2.8 镜头价格都较贵，而70-200mm f/4的价格则相对便宜，仅相差一个光圈系数就要贵上很多。

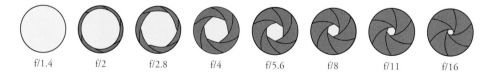

f/1.4   f/2   f/2.8   f/4   f/5.6   f/8   f/11   f/16

图3.1　如图所示，分母越小，镜头的孔径越大，所允许进入的光越多

图3.2 科迪·洛瓦斯（Cody Lovaas）在Bro-Am工作室进行演出
ISO 6400；1/160秒；f/2.8；125mm

图3.3 高空表演《神话》使用昏暗的灯光效果营造出一种神秘的
氛围，这增加了拍摄的难度
ISO 3200；1/400秒；f/2.8；70mm

4. 利用ISO（感光度）

ISO决定了相机传感器对光的敏感度。由于传感器的实际敏感度不变，因此ISO才是调节传感器对光线敏感度的因素。ISO越大，所需要的光就越少。这样做的缺点是，当ISO提高时，照片中会出现更多的噪点。

对于在夜间或弱光条件下拍摄的摄影师而言有一个好消息：相机制造商已经降低了使用高ISO拍摄时照片中会产生的噪点数量。与我的第一批数码相机相比，尼康D750能使用的ISO要高得多。我经常会使用ISO 3200和ISO 6400拍摄体育赛事和音乐会，完全不用担心噪点的问题。如**图4.1**所示，即使使用ISO 6400拍摄，照片中的噪点也很少，这样我便可以使用足够高的快门速度来将动作定格。

摄影师都心怀一个共同的信念——必须尽可能地使用最低的ISO，不惜一切代价避免噪点的出现。其实，只要照片足够有趣，人们通常注意不到噪点的存在。所以不要害怕，把ISO调高一些吧。

图4.2所示拍摄于一个夜晚，当时的光线十分昏暗，于是我使用ISO 6400和f/2.8来获得1/200秒的快门速度。在运动员游泳时，这个快门速度的效果很好，但是当动作速度加快时，这个快门速度便不足以将动作定格（如**图4.3**所示）。如果能重来一次，我会将ISO调至更高值来将动作定格，避免模糊。

尽管有些时候看似已具备足够的光线能够拍摄出一张不错的照片（例如傍晚时分），你可能仍然需要依靠更高的ISO来获得足够快的快门速度，从而将动作定格（**图4.4**）。

图4.1 拍摄音乐会通常需要使用高ISO来获得足够快的快门速度，从而将动作定格
ISO 6400；1/250秒；f/2.8；200mm

图4.2 当运动员们带着球游泳时，ISO
6400和1/200秒的快门速度就足以捕捉清
晰的动作
ISO 6400；1/200秒；f/2.8；200mm

图4.3 当动作速度增加时，ISO 6400则
无法获得足够的快门速度将动作定格，于
是运动员的动作变得模糊
ISO 6400；1/200秒；f/2.8；200mm

图4.4 在傍晚的比赛时似乎具备了充足
的光线，但是为了捕捉飞驰的马儿，我需
要1/800秒的快门速度，这意味着我必须
将ISO升至1600
ISO 1600；1/1800秒；f/2.8；200mm

5. 等效曝光的重要性

有三个设置可以对曝光进行调整：快门速度、光圈和ISO。这三项设置完成后就能完成曝光。为了理解等效曝光的深层含义，我们需要量化到达传感器的光量，并理解这是由三种曝光设置之间的关系决定的。

用于描述到达传感器的光量的测量单位叫作光圈系数（f-stop）。当你将光圈的大小增加一倍并让两倍的光射入时，你就增加了1挡光圈系数。当你提高快门速度，将到达传感器的光量减半时，就减少了1挡光圈系数。同理，ISO也是如此，当你将ISO从ISO 400降低至ISO 200时，你便需要两倍的光量或者增加1挡光圈系数。在调节快门速度时1挡光圈系数所产生的差异，与调节光圈或ISO时1挡光圈系数所产生的差异相同。也就是说整体曝光相同，而具体设置存在差异就能够打造等效曝光。

图5.1和**图5.2**显示的是采取截然不同的曝光设置所拍摄的相同场景，但两者的曝光却完全相同。

图5.1 使用大光圈打造了非常浅的景深
ISO 400；1/250秒；f/2.8；24mm

图5.2 等效曝光让我能够使用较低的快门速度和较深的景深
ISO 400；1/8秒；f/16；24mm

了解如何使用等效曝光进行拍摄，对于以长时间的快门速度拍摄夜景和弱光照场景非常重要，这样你便能以更短的快门速度、更高的ISO和更大的光圈拍摄场景。接着，当你使用一个较低ISO和较小的光圈时，便能计算出你需要使用的快门速度。

让我们通过一些例子来看看应该如何计算。在拍摄**图5.3**时，我使用了ISO 6400、f/2.8的光圈和1/15秒的快门速度，得到了准确曝光的照片。但是，如图所示，水面不够平滑，景深很浅。若要解决这些问题，我便需要使用更小的光圈和更长的曝光时间。

我把ISO从1600降低至200，两者之间相差了3挡光圈系数（1600-800-400-200-100）。为了增加景深，我把光圈从f/2.8缩小至f/5.6，相当于2挡光圈系数（f/2.8-f/4.0-f/5.6）。这意味着我必须将快门速度和光圈总共调整5挡光圈系数才能恢复到准确的曝光。所以，我将快门速度调整了5挡光圈系数，将快门速度从1/15秒增加至2秒（中间跳过了1/8秒、1/4秒、1/2秒、1秒）。**图5.4**与**图5.3**具有相同的曝光，但是我使用了截然不同的设置。

图5.3 这些曝光设置让我拍摄出了一张准确曝光的照片，但却没有达到我想要的拍摄效果
ISO 1600；1/15秒；f/2.8；24mm

图5.4 通过打造等价的曝光设置，我拍摄出了一张准确曝光的照片，并且其效果更接近我想要的效果
ISO 200；2秒；f/5.6；24mm

为了让你的摄影道路更加畅通无阻，我在此分别列出了快门速度、光圈和 ISO 所形成的 1 挡、1/2 挡、1/3 挡光圈系数的排列组合。

1挡光圈系数	1/2挡光圈系数	1/3挡光圈系数
1/8000	1/6000	1/6400
		1/5000
1/4000	1/3000	1/3200
		1/2500
1/2000	1/1500	1/1600
		1/1250
1/1000	1/750	1/800
		1/640
1/500	1/350	1/400
		1/320
1/250	1/180	1/200
		1/160
1/125	1/90	1/100
		1/80
1/60	1/45	1/50
		1/40
1/30	1/20	1/25
		1/20
1/15	1/10	1/13
		1/10
1/8	1/6	1/6
		1/5
1/4	1/3	1/3
		1/2.5
1/2	1/1.5	1/1.6
		1/1.3
1	1.5	1.3 sec.
		1.6 sec.
2	3	2.5 sec.
		3 sec.
4	6	5 sec.
		6 sec.
8	10	10 sec.
		13 sec.
15	20	20 sec.
		25 sec.
30		

1挡光圈系数	1/2挡光圈系数	1/3挡光圈系数
f/1.0	f/1.2	f/1.1
		f/1.2
f/1.4	f/1.7	f/1.6
		f/1.8
f/2.0	f/2.4	f/2.2
		f/2.4
f/2.8	f/3.3	f/3.2
		f/3.5
f/4.0	f/4.8	f/4.5
		f/5.0
f/5.6	f/6.7	f/6.3
		f/7.1
f/8.0	f/9.5	f/9.0
		f/10
f/11	f/13	f/13
		f/14
f/16	f/19	f/18
		f/20
f/22	f/27	f/25
		f/29
f/32		

1挡光圈系数	1/2挡光圈系数	1/3挡光圈系数
100	140	125
		160
200	280	250
		320
400	560	500
		640
800	1100	1000
		1250
1600	2200	2000
		2500
3200	4500	4000
		5000
6400	9000	8000
		10000
12800		

6. 在需要时补光

在弱光条件下拍摄，并不意味着在你需要更多光照时不能进行补光。补光的关键是要知道所需补充的是什么类型的光，以及补多少光，才能不会破坏照片中弱光场景的效果。典型的例子就是在弱光条件下拍摄人像，你需要在拍摄对象身上打一点光。如**图6.1**和**图6.2**所示，你可以发现当我给拍摄对象山姆补了一点光之后所得到的不同效果。在此次拍摄中，我使用的是置于柔光箱之内的离机闪光灯。

我们将在第3章中更详细地介绍弱光条件下的人像拍摄。

图6.1 在太阳落山后的几分钟时间里，我在海滩上为山姆拍摄了这幅人像作品
ISO 800；1/200秒；f/6.3；70mm

图6.2 我补了一点点光，从而打造出了一个更好的人像效果
ISO 800；1/200秒；f/6.3；70mm

7. 使用手动曝光模式

你的相机至少有4种曝光模式用于控制快门速度、光圈和ISO设定。其中3种模式依靠内置的测光表读取相机将要拍摄的场景并确定最佳设置。第4种模式可以让你输入任何一种你认为合适的设置。让我们来仔细看看这4种主要曝光模式——程序自动、快门速度优先、光圈优先和手动模式，同时分析为什么手动模式是我的最爱。大多数相机都有一个可以选择曝光模式的拨盘（如**图7.1**所示）。

程序自动模式

当使用程序自动模式时，相机将会读取内置测光表中的信息为你设置快门速度和光圈。在这种模式

下，相机将会自己控制曝光，并会让一部最先进的数码单反相机沦落为昂贵的傻瓜相机。如果在夜晚或光线不足的情况下选择此模式进行拍摄，那么其产生的照片很可能会曝光过度或模糊不清。在拍摄**图7.2**时，相机被设置为程序自动，ISO为800。如图所示，由此产生的图像太亮，快门速度太慢，无法让任何动作定格。

图7.1 这是我尼康 D750 相机上的曝光模式拨盘。只需转动拨盘即可选择要使用的曝光模式。在弱光拍摄时，我通常会选择手动模式

图7.2 在拍摄这张照片时，我使用的是程序自动模式。它的快门速度较慢，使相机无法保持稳定。由此产生的照片效果十分模糊，并且曝光过度
ISO 800；2秒；f/5.6；70mm

快门优先模式

在快门优先模式下，摄影师设置快门速度，相机根据快门速度和内置测光表的信息设置光圈。这种模式可以让你在如何拍摄被摄主题方面有更多的掌控权，但在决定曝光的方面，相机仍拥有最终决定权。关于快门优先模式有一点值得注意的是，相机无法任意调整光圈，它会受到镜头最大光圈的限制。例如，如果在弱光条件下拍摄，你想在 ISO 800 的情况下使用 1/250 秒的快门速度来定格，那么相机则会选择它能选择的最大光圈。对于 70-200mm f/2.8 的镜头来说，它就会选择 f/2.8，但是对于 28-300mm f/3.5～5.6 的镜头来说，它就会在 300mm 时选择 f/5.6。这种模式有可能会拍摄出较暗的照片。我们将在第 2 章对镜头、焦距和光圈进行深入探讨。

光圈优先模式

在光圈优先模式下，摄影师设置光圈系数，相机根据光圈和内置测光表的信息设置快门速度。你就可以对照片中的景深进行创造性地

控制。你也可以对快门速度进行一些设置，因为当你使用较大的光圈时，最终的快门速度会变得更快。请记住，最大光圈取决于你所使用的镜头。

光圈优先是一种广受欢迎的曝光模式，如果你了解其工作原理，并能注意到相机测光表的信息，那么它就能带给你满意的结果。

手动模式

在手动模式下，摄影师设置快门速度和光圈。相机不会进行设置，但是它会告诉你照片是否曝光过度或不足，以及其曝光过度或不足的程度。你应该习惯使用手动模式进行拍摄，如果你还没有习惯，希望这一部分能够让你逐渐开始享受手动模式的乐趣。

手动模式可以让你自己完全控制整个曝光过程，相机不会对你的设置进行任何改变。本书中的大部分照片都是我使用手动模式拍摄的。这也是我使用最多的模式，特别是在弱光条件下拍摄时。

当你使用手动模式时，有一个轻松快速确定所要使用的快门速度和光圈设置的方法，那就是将相机先设置为光圈优先模式，你就可以获得一个非常好的思路。然后，你可以切换回手动模式，输入你使用光圈优先模式所获得的设置，然后调整曝光值，而这个时候相机就不

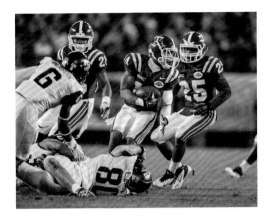

图7.3 运动摄影需要使用很高的快门速度与很高的ISO ISO 3200；1/1600；f/2.8；400mm

图7.4 在圣迭哥的夜晚所拍摄的这张天际线的照片，捕捉到了黑暗宁谧的夜空和明亮辉煌的城市灯光。使用手动模式能够让我对曝光进行微调，而不必依靠照片中的单个点进行测光 ISO 400；2秒；f/11；24mm

会对你进行任何干扰了。在你阅读本书的过程中，特别是第3章和第5章的时候，你将看到我在手动模式下是如何进行设置的。

如**图7.3**所示，你可以看到一个快速移动的拍摄对象——一位橄榄球运动员正奔跑着追逐橄榄球——拍摄于夜晚的体育场灯光

下。那时的光照条件远不如你所看到的那么明亮，如果我没有使用手动模式，这张照片便会曝光过度，并且模糊。**图7.4**所示的是一个城市灯光明亮而背景黑暗的场景，所以相机所测光的区域不同，曝光设置可能会出现很大的差别。

曝光补偿

在我们进一步探讨之前，还有一个曝光设置方式需要说明一下，那就是曝光补偿。首先你可以使用相机的自动曝光模式拍摄，然后根据照片的明暗设置曝光补偿值得到想要的效果。这比自动模式能够使你拥有更多的创意控制。

曝光补偿的操作十分简易：你只需按下曝光补偿按钮，然后将拨盘调至正向或负向补偿，通常在-5~+5的范围内。当你选择一个正数时，相机会让更多光进入，而当数字为负时，相机进入的光就会减少。如**图7.5**所示，我已将曝光补偿调至-3。此设置可将进入相机的光量减少3挡光圈系数。你可以从**图7.6**和**图7.7**中看出其差异。

曝光补偿对于夜间弱光条件下拍摄至关重要。当你使用例如光圈优先模式这样的自动曝光模式时，内置测光表会读取夜空中的所有暗色调，并且倾向于将照片过度曝光。曝光补偿使你可以强制相机使用一个可以减少光量的快门速度。

7.6

7.7

图7.5 D750上的曝光补偿按钮

图7.6 我使用光圈优先模式拍摄的圣迭哥市中心，这张照片曝光过度
ISO 200；15秒；f/4.0；70mm

图7.7 将曝光补偿设置为-3之后，照片更接近于肉眼所见的那个场景。由于我使用的是光圈优先模式，相机将快门速度调整了整整3挡光圈系数
ISO 200；2秒；f/4.0；70mm

8. 内置测光表也有不靠谱的时候

相机内部有一个测光表，用于测量场景中光的亮度，这样相机才知道应该使用怎样的设置来打造适当的曝光值。测光表读取场景中物体反射光的亮度，然后根据所使用的曝光模式设置快门速度或／和光圈。

当你使用相机取景时，它会将明亮的区域和黑暗的区域平均为中性色调。如果场景中不包含大面积的黑色或白色，测光表就能够发挥非常棒的效果。但是，当你拍摄一张白纸或一张黑纸，就会发现测光表也有不靠谱的时候。白纸的照片会看起来呈灰色，并且曝光不足；黑纸的照片看起来也会呈灰色，并且曝光过度。你就会明白在拍摄夜空那种包含大面积黑色的照片时，测光表真的会摸不着头脑。

接下来，我们来看看有哪些测光模式以及不同的测光方式。大多数相机有三种不同的测光（测光）模式：点测光、中央重点测光和矩阵或评价测光。

点测光

当你使用点测光模式时，相机只能读取整个场景中的一小部分。

这个小区域通常位于画面的中心，但是有些相机会将点测光区域与焦点联系起来，使你可以在焦点位置测光。

我在拍摄演唱会时使用最多的就是点测光模式，因为它会忽略背景，只测出拍摄对象身上的光。如**图 8.1** 所示，你可以看到点测光表所覆盖的场景面积在画面中所占的比例。当相机读取场景中的光时，表演者背后广阔的黑暗区域不被考虑在内。

中央重点测光

中央重点测光模式读取的是画面的中央部分，忽略画面的边缘。许多相机允许你调整中心区域的大小。**图 8.2** 所示的是中央重点测光表所测量的区域。如果画面中间的主体没有太亮或太暗，此模式将会发挥出很好的效果。

图 8.1 红色区域表示点测光表用于确定图像准确曝光设置所读取的那一部分场景。测光表忽略了其余的场景

图 8.2 红色区域表示中央重点测光表所读取的那一部分场景

矩阵测光或评价测光

矩阵（尼康）或评价（Canon）测光模式会读取相机前面的整个场景，并试图确定你所拍摄的主体，从而获得准确的曝光。

这种测光模式适用于大多数情况。相机将整个场景分解成数个区域，将各个区域所测的曝光值经由相机程序的计算，从而得到最佳的曝光。有些相机甚至具有脸部识别软件，所以当它认为你正在拍摄人像时，便会自动调整曝光值。这项技术真的非常了不起，它能够打造出曝光良好的照片。如**图8.3**所示，在此测光模式中，相机会读取整个画面，而不仅是画面的一部分。

测光表也有不靠谱的时候

在弱光条件下拍摄主体时，测光系统可能会犯糊涂，从而打造出曝光不足的照片。发生这种情况是因为内置的测光表试图创建中性灰度平均值，这就意味着包含大面积黑色区域的场景会得以曝光过度。

例如，**图8.4**是我使用光圈优先模式和矩阵测光所拍摄的一幅照片。如你所见，图像太亮了，无法准确地描绘出场景的细节。**图8.5**所拍摄的同样还是那个场景，但这次我使用的是手动模式，我没有选择让相机自动设置，而是自己选择了所有的设置，我特意将照片曝光降低了3挡光圈系数。

图8.3 红色区域是矩阵或评价测光表所读取的场景的一部分

图8.4 这张照片曝光过度，因为相机读取了整片黑暗天空，并试图使其变成平均灰度

图8.5 我使用手动模式拍摄了相同的场景，并调整了曝光补偿设置，使照片更接近于真实的场景

9. 如何在弱光环境下对焦

在弱光下拍摄时，最难掌握的事情之一就是精准对焦。为了使自动对焦正常工作，必须具备足够的光线才能让相机"看到"拍摄对象，并且场景中需要有一些对比，从而让对焦系统可以自动甄别。好消息是，有很多方法可以帮助自动对焦系统，而且在使用自动对焦系统时，你也可以在相对复杂的情形之下使用手动对焦。

第一个也是最简单的解决方案是使用另一个光源来辅助对焦。许多相机都具备一个对焦辅助灯，当你半按快门的时候，这个灯可以照亮拍摄对象（**图9.1**）。在拍摄照片之前，这个对焦辅助灯能够为自动对焦系统提供足够的光线来对焦。这种方式适用于拍摄靠近相机的静态物体，并且制造的亮光不会影响到其他人，例如拍摄人像或静物的时候。但这个方法不适用于拍摄运动、演唱会、婚礼等主题。请查看你的相机说明书，看看你的相机是否具备这个功能，以及如何开启或关闭这一功能。

如果内置辅助灯无法胜任此项工作，你也可以使用闪光灯照亮拍摄对象，从而在拍摄前进行对焦。如果你使用闪光灯对焦的话，那么在拍摄照片之前需要确保闪光灯关闭，因为闪光灯产生的光线颜色会对照片颜色产生不利影响。在拍摄照片之前，你还需要确保拍摄对象和相机都不会发生移动，否则会导致对焦失败，从而造成模糊的照片。最后一点最为重要：在调整焦点后需要关闭自动对焦，这样在拍摄照片时相机便不会尝试重新对焦。在拍摄**图9.2**的时候，我使用了闪光灯来帮助对焦于模特身上，因为相机在拍摄图像之前没有锁定焦点，所以造成了照片的模糊不清。你可以在她脸上看到闪光灯发出的光。一旦我获得了准确对焦，我就切换到手动对焦模式，从而拍摄出了**图9.3**所示的效果。

在光线不足的情况下，获得更好自动对焦效果的第二种方法是，了解哪一个自动对焦传感器是十字形对焦传感器，并尽可能使用这些对焦传感器。请查阅你的相机说明书，了解相机中自动对焦传感器的相关信息。如果你无法确定哪些属于十字形传感器，那么请使用画幅中间的传感器——因为它们极有可能打造更准确的效果。如**图9.4**所示，可以看出尼康 D4 中的哪个自动对焦点是十字形传感器（更精确）。

图9.1 可以在自定义设定菜单（A9）中开启或关闭尼康 D5200 的对焦辅助灯

图9.2 我使用闪光灯为模特补光，从而使得自动对焦可以正常运作。这张照片是在闪光灯一直打开的情况下拍摄的，因此你可以在模特脸上看到明亮的光线
ISO 200；1/4秒；f/5.0；50mm

图9.3 在拍摄这张照片的时候，我使用了一个离机闪光灯准确拍摄出曝光模特的正面，并使用了较慢的快门速度，从而可以看到背景的灯光
ISO 200；1/4秒；f/5.0；50mm

图9.4 红色区域即为尼康 D4中的交叉型自动对焦点

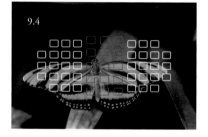

10. 让多重曝光来拯救你的照片

在很多情况下，为同一主题拍摄多张照片可能会大有裨益。夜景往往非常适合拍摄高动态范围（HDR）图像。你也可以通过叠加图像来减少噪点——我将在第5章中对这一技巧展开详细阐述。这些技术仅适用于不会移动的物体，因为你需要拍摄多个图像，所以画面当中的物体需处于相同的位置。

若要创建一幅HDR图像，你需要使用不同的曝光值为同一主题拍摄多个图像，然后使用专用软件合并图像。**图10.1**～**图10.3**便是我用来创建**图10.4**这张最终HDR图像所拍摄的三幅图像。第一张图像曝光不足了3挡光圈系数，第二张图像曝光准确，第三张图像曝光过度了2挡光圈系数。接着我使用Aurora HDR软件来将这三个图像合成。

图10.1 这一幅曝光不足的图像展现了最亮区域的细节
ISO 800；1/4000秒；f/8.0；20mm

图10.2 这是同一场景的正常曝光
ISO 800；1/500秒；f/8.0；20mm

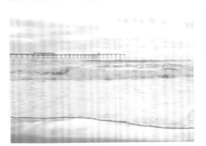

图10.3 曝光过度的图像让我能够捕捉最暗区域的细节
ISO 400；1/125秒；f/8.0；20mm

图10.4 我使用Aurora HDR将三次曝光的图像结合在一起，创建了一个色调范围较大的图像

第2章

你需要的所有器材

第 2 章

　　我喜欢相机、镜头以及所有其他摄影装备，但我也是一个十分节俭的人，所以我会尽力打造最划算的装备组合。本章将介绍在弱光条件下拍摄两种类型照片所需要的装备：第一种类型需要使用高感光度、大光圈和高快门速度来将动作定格；第二种类型是使用慢速快门、较低的感光度和较小的光圈来拍摄场景。这两种类型的摄影需要使用不同的相机和镜头，你还需要一些工具让相机在长时间的曝光过程中以及远程触发快门时保持稳定。这就意味着需要投资，购买三脚架或独脚架，以及遥控器或快门线。

11. 相机需求

当今市场上的任何相机都能让你在弱光条件下拍摄出很好的照片。如果专为弱光拍摄,我会对相机提出一定的要求。本章将会对这些内容展开详细介绍,但从概述的角度来说,你将需要一个具有B门曝光模式、在较高的ISO下具备可以接受(对于你自己而言)的噪点程度,以及可以使用遥控器或快门线的相机。有些相机还具有一些额外的功能,使用起来非常有趣,如延时摄影和双重曝光,但这些功能并不重要。

如果你还没有购买相机,或者正在考虑购买新相机,那么你面对的最大选择将是应该买全画幅还是非全画幅传感器相机,以及相机需要具备几百万像素的分辨率。

全画幅相机 VS 非全画幅相机

全画幅相机与非全画幅相机各有优劣,具体取决于你所拍摄的主题。

全画幅相机上的传感器与35mm的胶片尺寸相同,而非全画幅相机的传感器则小于35mm的胶片。如**图 11.1**所示,可以看到全画幅传感器所捕获的区域与非全画幅传感器所捕获的同一场景区域之间的差异。

如图所示,非全画幅传感器比全画幅传感器所记录的场景更少。幸运的是,我们可以通过使用1.5倍焦距的镜头轻松计算出相等的焦距。例如,如果在非全画幅传感器上使用50mm的镜头,那么就会将1.5扩大50倍,也就等于75。因此,非全画幅传感器上的50mm镜头也就相当于全画幅传感器上75mm的镜头。当你拍摄远处、超越伸手可及范围内的东西时,这非常有利。如果在非全画幅传感器上使用70~200mm的镜头,则最终会得到相当于105~300mm的镜头的拍摄效果。如**图 11.2**和**图 11.3**所示的分别是使用全画幅传感器相机和非全画幅传感器相机所拍摄的同一个场景。当你拍摄远处的物体时,非全画幅传感器会起到很好的效果。

非全画幅传感器的不足之处在于,当你拍摄广阔的风景照片时,你需要使用广角镜头来弥补非全画幅的效果。相机和镜头制造商为非全画幅传感器相机打造了专门的镜头,这在本书第16节中将进行具体介绍。

在讨论不同的传感器及其在弱光条件下捕获图像的能力时,需要考虑的另一个重要因素是全画幅传感器为光电探测器提供了更多的物理空间,能够在它们之间留出更多的空间,从而减少噪点。这意味着全画幅传感器在弱光条件下可能会达到更好的效果,特别是在拍摄动作以及需要使用高ISO的情况下。现在情况并非如此,特别是像尼康D500这样的新型相机也能达到极好的效果。但是无论如何,全画幅传感器获得的图像质量仍然比非全画幅传感器更好。

图11.1 黑色矩形表示全画幅传感器所捕获的区域。红色矩形显示的是由非全画幅传感器所捕获的区域

图11.2 拍摄足球非常困难，因为即使你就站在场边，你所拍摄的那个动作仍然可以发生在距离你很远的地方。我用200mm的全画幅尼康 D750 相机和70～200mm f/2.8镜头拍摄了这张照片
ISO 3200；1/2500秒；f/2.8；200mm

图11.3 这张照片是我使用尼康 D500 非全画幅传感器相机拍摄的同样的场景。300mm 的有效焦距使我能够与拍摄对象更为接近

全画幅和非全画幅传感器相机之间还有一个最后的区别，那就是价位。全画幅相机比非全画幅传感器相机的成本更高。

什么是百万像素？你真的需要多少？

百万像素指的是1048576像素，或者大约100万像素。一个相机传感器可以捕获的最大图像尺寸通常以百万像素为单位描述。如果知道相机的高度和宽度（以像素为单位）并将它们相乘，那么就能够知道你的相机可以捕获多少像素（或者你只需阅读说明书即可获知）。百万像素非常适合作为营销相机的参考数据，因为它们可以很容易地进行比较，例如，这是一台1200万像素的相机，而另一台是2400万像素的相机，那么第二个相机一定更好，对吧？其实也并不一定。

当数码相机首次得以广泛使用时，它们并没有现在如此高的分辨率。其实专业数码相机的分辨率低

于当今的智能手机并不奇怪。例如，尼康 D2H 数码单反相机的像素为410万。而 iPhone 7 拥有一个1200万像素的摄像头和一个700万像素的摄像头。

多年来，相机制造商似乎一直在不断增加相机的百万像素数值，但其实起关键作用的并非是百万像素数值，而是像素的质量。许多相机只是将百万像素塞进了传感器，即使增加了百万像素，实际上也会导致图像质量降低。这种数值的增加直接影响在弱光条件下拍摄的图像，尤其是在高 ISO 条件下拍摄的图像，因为当这么多个传感器像素被打包在一起时，图像会呈现出更多噪点。

现在，你可以选择1600万～5000万像素甚至更高像素的相机，它们都可以打造出非比寻常的照片。如**图 11.4**所示，我站在我自己拍摄的一幅音乐会的照片前，这幅照片被印成了宽22英尺、高12

英尺（1英尺=0.3048米）的海报。原始图像由传感器像素为1620万的尼康 D4 所拍摄。

在决定需要多少百万像素时，你需要思考拍摄多少张照片以及计划如何处理这些照片。我经常拍摄活动，并且会拍摄大量照片。例如，我有一次去拍摄一个现场音乐活动，拍了5000多张照片。我通常会使用两部相机，一部的传感器为2430万像素，另一部的传感器为1620万像素，它们足以让我拍摄出非常不错的照片，并且可以在需要时对图像进行裁剪。如果你主要拍摄风景或人像，并且一次只需拍摄几百张照片，那么使用百万像素的相机可能会更适合你。

在寻找相机的过程中，我建议你跳过那些高像素的广告噱头，而是去看看那些能够体现这些相机在弱光条件下拍摄运动或婚礼效果的照片。

图11.4　尼康 D4 相机的 1620 万像素传感器提供的分辨率足以打印 22 英尺宽、12 英尺高的照片

每秒帧数和自动对焦点

你还需要了解相机的一些其他功能，因为它们可能会影响你对相机的使用。如果你要拍摄运动和动作的话，相机的帧频（每秒帧数或FPS）和缓冲区大小可能会对拍摄方式产生很大的影响。帧频越高，你能够连续拍摄的图像数量也就越多。在弱光条件下拍摄时，这一点尤为重要，因为光线可以在一秒钟内发生变化。更高的帧频可以让你连续拍摄更多的照片，从而增加拍摄出满意照片的概率。如**图11.5**所示，那是我在1秒内拍摄的一系列图像。我通常以3～6帧的顺序拍摄，这使得捕捉动作的清晰度更为容易。同时我也可以捕捉到动作，然后可以从中选择最满意的那一张照片。

每一部相机的宣传资料中都介绍了帧频信息，但缓冲区大小通常会很难找到，因为相机制造商通常不会公开这些信息。缓冲区是写入存储卡之前相机存储信息的存储空间。缓冲区越大，能够连续拍摄的图像就越多。我有两个关于缓冲区大小的建议：如果你打算购买一台新相机，我建议你先去租用一下你正在考虑的每台相机，在购买之前进行充分试用，了解它的工作方式。另外我还建议使用具有最快写入速度的存储卡，以便相机尽可能快地清空缓冲区。

图11.5 鼓手泰勒·霍金斯（Taylor Hawkins）在雪佛兰金属音乐会上演出
ISO 1600；1/500秒；f/2.8；200mm

另一个要考虑的因素是相机中的自动对焦点的数量、位置和类型。现在许多相机都有大量的焦点，有些甚至超过 100 个。这些焦点能够允许你在想要对焦的框架中进行微调。**图 11.6** 和 **图 11.7** 所示的是尼康 D500 和 Canon 5D Mark IV 相机对焦点的分布情况。

　　焦点还可以帮助你在弱光条件下进行更好的对焦。焦点分为两种不同类型：使用水平或垂直传感器的常规焦点和同时使用两者的交叉焦点。十字型的焦点更敏感，能够让你在弱光情况下更好对焦。某些相机具备一个对焦辅助灯，在拍摄图像前暂时照亮场景以帮助相机对焦。这适用于靠近相机的人像和静态的主体拍摄，但当你拍摄运动或快速移动的主体时，此功能则无效。

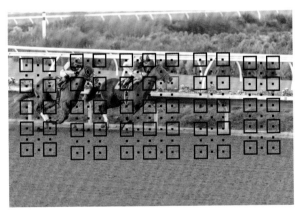

图11.6　尼康 D500 相机的对焦点分布图

图11.7　Canon 5D Mark IV 相机的对焦点分布图

12. 为什么你需要B门模式

相机允许你使用从 1/8000 秒到 30 秒的各种快门速度。但是如果你想使用一个非常长的快门速度怎么办呢？比如 10 分钟或更长的时间。这时 B 门模式便派上用场了。这种模式可以使快门保持打开多久都行。这不仅仅是一个有用的设置，对于那些真正意义上的长时间曝光（超过 30 秒的所有情况）来说是必不可少的。

只有当相机处于手动曝光模式时，你才能使用 B 门模式。其他曝光模式要么需要你在拍摄照片前设置快门速度（快门优先模式），要么需要让相机设置快门速度（程序自动和光圈优先模式）。在 B 门模式下，相机不知道你会让快门保持打开多长时间，因为你可以在曝光过程中的任何时候关闭它，所以它只能在手动模式下工作。

若要进入 B 门模式，你需要设置大于 30 秒的快门速度，直到显示屏显示 B 或 Bulb，如**图 12.1** 所示的尼康 D750 屏幕。

在过去，你必须按住快门才能进行长时间曝光。正如你所想象的那样，这可能会有一定的负面影响，因为有时曝光会持续数小时而不仅

仅是几秒，那么让手指一直按着快门这一方法并不可行。这也是相机快门线成为重要设备的原因之一。

我还记得我的第一根相机快门线。使用时，将它旋入快门的顶部，当你按下快门线末端的按钮时，金属杆向下延伸并推开快门装置。如有需要，你可以将快门线在这个位置锁定，让快门处于保持打开的状态。新型快门线可以一直让快门保持打开的状态，直到你决定让它关闭。如**图 12.2** 所示，具有锁定功能的尼康 MC-36，可以在使用 B 门模式时保持快门打开。

使用 B 门模式的不利之处在于，相比于我们日常摄影，它很快就会将相机电池的电量耗尽。在出门拍摄长时间曝光之前，请确保电池充满电。我通常都会建议你再随身携带一个（甚至两个）充满电的备用电池。

12.1

12.2

图 12.1　尼康 D750 上显示的 B 门模式

图 12.2　使用此尼康相机 MC-36 多功能遥控线上的锁定功能时，你可以看到遥控快门下的红色区域按钮

13. 什么是数字噪点以及你相机的噪点有多少

当你使用胶片相机拍摄时，确定胶片对光线的敏感程度非常重要。胶片越敏感，曝光所需的光线则越少。胶片由卤化银感光颗粒组成。颗粒越大，所需的光越少，感光度（ISO）越高。具有较高感光度的胶片缺点在于，在印刷品上可以看到较大的卤化银颗粒。这就是所谓的胶片颗粒，随着胶片感光度的提高，它在图像中就会变得更加明显。每卷胶卷都贴有ISO标签（**图13.1**），便于在任何光照条件下选择合适的胶片。问题是你必须用相同的ISO值拍摄整个胶卷，而且不能像使用数码相机一样更改每个图像的ISO值。

由于数码相机使用数字传感器记录光线，因此我们无法改变传感器的实际灵敏度，但却可以放大传感器捕获的信息。这就是数码相机对胶片ISO的效仿。与高感光度胶片会产生颗粒同理，当信息被传感器放大时，图像中便会产生数字噪点。噪点在图像较暗的区域，显示为特别显眼的不需要的颜色斑点。例如，**图13.2**中有可见的噪点，因为此图像是以12800这样极高的ISO值所拍摄的。

图13.1　胶片的感光度通过ISO值来描述。这些胶卷中，每一卷的感光度都是其左边胶卷的两倍

图13.2　在弱光条件下拍摄户外音乐会便意味着需要使用非常高的ISO。在拍摄这张照片时，我所使用的是ISO值为12800，这只是为了获得适当的曝光。照片中的大部分光线来自iPad屏幕，以及用于照亮舞台的微弱的LED灯
ISO 12800; 1/125秒; f/2.8; 200mm

好消息是，相机制造商已经非常努力地扩大了ISO的范围，并降低了在更高设置下产生的噪点。我现在经常使用非常高的ISO来拍摄运动赛事和音乐会，这是我几年前从未尝试过的。在拍摄**图13.3**时使用了高达1600的ISO，几乎没有产生任何噪点，特别是与几年前我使用类似的ISO所拍摄的照片相比。

确定你的相机有多少噪点，以及你对于照片中噪点数量的接受程度总是有利有弊的。你可以通过以下测试来明确你最多能将相机的ISO调至多高。

首先找到一个非常黑暗的场景，将相机安装在三脚架上，从而确保你所拍摄的每张照片相同，以便进行适当的比较。你还需要确保照片中包含一些大小不同的对象，以便你可以查看细节以及相机对它的捕捉方式。

然后将相机设置为光圈优先模式，并选择一个f/16这样的小光圈。将ISO设置为200并拍摄照片，然后将ISO加倍并再次拍摄。继续拍摄每个ISO设置，直到达到最高。现在你已拥有一组图像，如**图13.4～图13.6**所示，你可以看到在ISO 3200、ISO 6400和ISO 12800下所拍摄的图像。

第5章介绍了各种各样减少图像噪点的小技巧，如有需要，可以参考。

13.3

图13.3 现如今，使用ISO 1600拍摄音乐会是一件司空见惯的事情，照片中会产生的噪点非常少。即使是一个高分辨率的打印件（比如本书中的这张照片）也不会显示任何噪点
ISO 1600；1/250秒；f/2.8；200mm

图13.4 拍摄
ISO 3200；1/10秒；f/16；105mm

图13.5 拍摄
ISO 6400；1/20秒；f/16；105mm

图13.6 拍摄
ISO 12800；1/40秒；f/16；105mm

14. 常常被忽视的自拍模式

相机都具备一个内置的定时器，这样你就可以让快门按下之后的拍摄时间延迟，从而让你自己有时间进入照片的画面之中。你可以把它当作自拍的最原始方式，但是这个功能其实远不止是给你时间进入照片中去。通过使用定时器，你可以在按下快门后让照相机有时间平稳下来。

当你使用三脚架和很长的曝光时间时，相机在曝光过程中完全无法移动，因为任何移动都可能导致图像模糊。曝光开始时，按下相机上的快门可能会引起相机的轻微震动，这可能会让一张了不起的照片沦落为一张普普通通的照片。最好的解决方案是使用遥控器或快门线（本章稍后会展开讨论），你也可以使用定时器模式来减少相机移动。

自拍模式适用于不会移动的拍摄对象，因为按下快门的几秒后，照片才会得以拍摄。从按下快门到快门实际松开之间的时间间隔可以让按下按钮所产生的振动消散。

图 14.1 显示的是尼康 D750 上的自拍模式设置。你可以选择延迟几秒，甚至是 20 秒。在你按下快门

后，相机静止等待的时间越长，相机晃动造成图像模糊的可能性就越小。在**图 14.2** 中，你可以看到相机在曝光过程中保持绝对静止不动，从而拍出了清晰、锐利的图像。

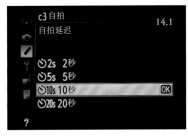

图 14.1 尼康 D750 自拍菜单允许你从四种延迟设置中进行选择

图 14.2 天黑后，我拍了这张圣迭哥城市天际线的照片，并使用了自拍模式，确保曝光过程中相机的稳定
ISO 200；8秒；f/10；200mm

15. 相机内延时

在过去，创建延时影片需要进行很多工作。你必须拍摄许多帧画面，然后使用某个特殊软件将它们合成一个影片。而现在，许多相机就能够让你在相机中创建延时影片。这使得延时摄影变得更加容易，特别是在弱光条件下拍摄的时候。

相机中的延时功能允许你来放入变量，然后在拍摄最后一帧后创建延时影片（**图 15.1**）。例如，如果你使用 30 FPS 的帧速率，想要创建一个 30 秒的影片，则必须使用 900 帧（30×30 = 900）。下一步是计算事件的持续时间，以便计算帧之间的间隔。如果你正打算拍摄的事件将会持续数小时，那么每帧之间的间隔时间将比拍摄仅持续一个小时的事件长得多。

首先将事件的长度转换为秒（例如，1 小时的事件是 3600 秒，4 小时的事件便是 14400 秒）。要以 30 FPS 的速度创建一个 30 秒的视频，记录一个 4 小时的事件，那么你便需要在 14400 秒的时间内拍摄 900 帧。这意味着你需要每 16 秒钟拍摄一帧。这个基本的等式是：

事件长度（秒）÷ 影片帧数 = 帧之间的间隔。

图 15.1 尼康 D750 的延时拍摄菜单允许你输入帧与帧之间和总拍摄时间之间的间隔，然后使用此信息创建相机上的定时短片

16. 你最喜欢的焦距决定了镜头的选择

许多相机的镜头和机身是一个整体，比如你的智能手机有一个内置的镜头，或者某些时候甚至有两个。数码单反相机和无反相机的真正威力在于它们能够使用不同的镜头，你可以决定是否要拍摄超广角的场景，或者通过选择特定的镜头来拍摄一小部分场景。

当你开始正式使用你的相机之前，你要做的第一件事就是选择一支镜头装在你的相机上。我有自己最喜欢的焦距，很多摄影师也跟我一样喜欢使用这个焦距，但这并不意味着我不会使用其他焦距，或者永远不会改变我的想法。它意味着我以某种方式看待世界，并希望以这种方式捕捉世界。你的选择可能和我的很不一样。

镜头的焦距是在图像对焦时，相机传感器与镜头之间的距离（通常以毫米为单位）。视角是传感器捕获镜头前方区域的多少。短焦距镜头可以提供广角视角，长焦距镜头可以缩小视角。例如，你可以在**图16.1**~**图16.4**中看到，焦距越短（24mm），所拍摄的场景就越多。

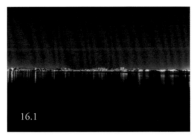

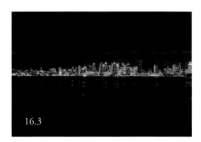

这4张圣迭哥的城市天际线照片拍摄于避风港岛

图16.1 焦距为24mm
ISO 400；1/250秒；f/5.6；24mm

图16.2 焦距为70mm
ISO 400；1/250秒；f/5.6；70mm

图16.3 焦距为100mm
ISO 400；1/250秒；f/5.6；100mm

图16.4 焦距为200mm
ISO 400；1/250秒；f/5.6；200mm

如果所有的镜头只是用来确定拍摄范围，那么镜头的选择将会变得非常容易。但是，焦距也会决定人在照片中的外观以及背景的大小。焦距越长，图像被压缩得越多，这意味着前景和背景中的项目显得越接近。如**图16.5～图16.8**所示，你就可以看到焦距在人像摄影中有多大的差别。在我拍摄每张照片的过程中，这个人在照片中的大小保持不变，但是她看起来却变化很大。

当你在弱光条件下拍摄时，焦距不会产生太大的差别，特别是在使用三脚架时。但是，如果你是手持设备并尝试拍摄弱光场景，焦距的选择可能会有所差异。为了在相机不发生任何抖动的情况下拍摄出清晰的图像，许多摄影师遵循快门速度与焦距的比例为1:1的原则。也就是说，如果你使用200mm镜头，你就需要设置1/200秒的快门速度；如果使用50mm镜头，那么快门速度应设置为1/50秒。那么在观察你所要拍摄的场景时，你可能会更换镜头。如果你需要使用较慢的快门速度以获得足够的光线，那么就需要使用较短的焦距。

在本章的前面，我谈到了全画幅和非全画幅传感器相机的区别。而镜头也有两种不同类型：一种用于所有相机（FX），另一种仅用于非全画幅传感相机（DX）。用于非全画幅传感器的镜头通常更轻、更便宜，而且最重要的一点在于，不能在全画幅传感器相机上使用。如**图16.9**所示，DX镜头的设计只能捕捉到非全画幅传感器的区域。黑色矩形表示全画幅传感器覆盖的区域，而红色矩形表示非全画幅传感器覆盖的区域。

在购买镜头时需要考虑的一件事是，DX镜头可能会更便宜，但如果你打算购买FX镜头，DX镜头将无法拍摄到完整的场景。而FX镜头可以在DX和FX相机上工作。

16.5

16.6

16.7

16.8

图16.5 在这一幅由24mm焦距拍摄的人像作品中，你可以看到很大面积的背景
ISO 400；1/250秒；f/5.6；24mm

图16.6 在这幅由70mm焦距拍摄的人像作品中，你可以看到模特的脸部看起来更自然一些，不会受到挤压，而可见背景变少了一些
ISO 400；1/250秒；f/5.6；70mm

图16.7 在这幅由100mm焦距拍摄的人像作品中，你可以看到模特的脸部看起来与由70mm焦距拍摄的人像没有区别，但背景又稍稍少了一些
ISO 400；1/250秒；f/5.6；100mm

图16.8 在这幅由200mm焦距拍摄的人像作品中，模特脸部看起来非常自然，而背景已经非常少了
ISO 400；1/250秒；f/5.6；200mm

图16.9 这与**图11.1**所示的场景相同，但是它是用DX镜头拍摄的。镜头仅捕获了非全画幅传感器区域

16.9

17. 恒定光圈和浮动光圈镜头

镜头的最大光圈指的是镜头可以打开的最大孔径，通常会被包含在镜头的名称中。例如，50mm f/1.8镜头的焦距为50mm，最大光圈为f/1.8；而85mm f/1.4镜头的焦距为85mm，最大光圈为f/1.4（**图17.1**）。你可以将镜头分为两类：不管焦距如何变化而光圈一直保持相同（恒定光圈）的镜头和最大光圈根据焦距变化而变化（浮动光圈）的镜头。

定焦镜头只有一个焦距，而变焦镜头具有一定范围的焦距。定焦镜头优于变焦镜头之处在于，定焦镜头的最大光圈孔径更大，而且能比变焦镜头拍摄的更清晰。所有定焦镜头都只有一个焦距和一个最大光圈。

而变焦镜头截然不同。有些变焦镜头无论使用哪个焦距，都有一个恒定的最大光圈，但也有一些变焦镜头在改变焦距时会改变最大光圈。我最喜欢的镜头是70~200mm f/2.8，其最大光圈为f/2.8。这意味着在放大和缩小时曝光不会发生改变。当Nikkor 80~400mm f/4.5~5.6镜头的焦距为80mm时，其最大光圈为f/4.5，其焦距为400mm时的最大光圈为f/5.6。这意味着当你将焦距放大和缩小时，最大光圈将会发生变化，这可能会使你的曝光设置发生更改。

例如，假设你的合理曝光设置为ISO 1600；1/250秒；f/4.5；80mm，而当你决定将焦距放大至400mm时，光圈会自动从f/4.5变为f/5.6，让光线减少。你将不得不增加ISO或降低快门速度以获得适当的曝光。

当你在弱光条件下拍摄风光照片时，这并不会产生太大的影响，因为如果光圈减小，你可以使用较慢的快门速度，使足够的光线到达传感器。但是，当你在弱光条件下拍摄运动和动态图像时，它就可能会产生巨大的影响，因为你需要使用较快的快门速度来让动作定格，并使用大光圈以尽可能多的光线进行拍摄。

恒定光圈变焦镜头的缺点是，它们通常比变焦光圈变焦镜的体型更大、重量更重，而且可能昂贵得多。

图17.1 尼康 50mm f/1.8和85mm f/1.4镜头

18. 若要保持相机稳定，镜头技术可以帮忙

相机的稳定性是拍摄任何类型照片的关键。使用较慢的快门速度时尤为重要，因为在夜间和弱光条件下经常出现这种情况。接下来的部分将介绍各种各样可以用来保持相机稳定性的工具——三脚架、独脚架、任意数量的夹具和底座。但在本节中，我们将介绍握持相机的最佳方法。

当你手持相机拍摄时，不应该使用慢于镜头焦距倒数的快门速度。例如，如果使用200mm的焦距，快门速度应该是1/200秒或更快。

多年前，我看到乔·麦克纳利（Joe McNally）展示了手持相机的正确方法，并改变了我拍摄的方式。它使我能够在手持拍摄时使用较慢的快门速度，也不会造成模糊或相机晃动。他的方法是：将你的身体转成侧身，用肩膀的一部分为你的相机做一个稳定的地方，然后用你的双手支撑相机和镜头。

我建议你可以练习抓握自己的相机，直到你找到一个非常舒适的位置，让它变成你的习惯。

某些相机和镜头具有专门的技术，可以测量相机抖动，然后再按下快门时抵消抖动，使你可以在手持拍摄时使用较慢的快门速度也能打造出相对清晰的图像。这在尼康相机中被称为"减震"，在佳能相机中被称为"图像稳定"，而在索尼相机中被称为"稳定拍摄"。在老一代相机的这种技术中，由于减震技术起到了抵消相机震动的作用，所以延迟非常小，使其仅适用于静止和慢速移动的物体。但是，随着技术不断进步，从按下快门到拍摄照片之间的时间间隔缩短了，这意味着即使在拍摄快速移动的对象时，这一技术也可以奏效了。

图 18.1 稳定握持相机非常重要，特别是在以较慢的快门速度进行拍摄时

19. 三脚架

三脚架可能是弱光摄影中最重要的摄影器材。市面上有几千种不同的三脚架可供选购，应该如何挑选一个合适的三脚架呢？虽然我不能告诉你应该购买哪个三脚架，但却可以给你作一些介绍，以帮助你做出明智的决定。接下来我们来看看构成三脚架的不同部分以及你的选择。

三脚架支架

三脚架有三个伸缩支架，由坚固、轻质的材料制成，为相机创造了一个坚实的平台。三脚架支架有各种尺寸、材料和价格。

材料：三脚架支架主要由四种材料制成，它们分别是碳纤维、玄武岩、铝和木材。碳纤维支架是最轻、最硬的，有很好的减震效果，但成本最高；玄武岩支架只比碳纤维支架重一点，价格可能会稍微便宜些；铝支架更重，也更便宜，与其他材料制成的支架一样，它没有减震效果；木支架可能很重，但是在减震方面非常有用，木支架的成本既有相对廉价的，也有非常昂贵的。对我来说，与价格相比，我更在意三脚架支架的坚固性。我有不少三脚架，但我使用得最多的是玄

武岩纤维材质的三脚架，它能让我进行最好的发挥。

锁定机制：支架的锁定机制分为两大主要类型：旋钮式和扳扣式。我更喜欢扳扣式（**图19.1**），因为我可以立即知道它们是否紧闭，但是我也认识许多只用旋钮式（**图19.2**）锁定机制的摄影师。我建议你去一家好的相机商店认真比对查看这两种类型，看看你更喜欢哪一种。请记住，你将在非常低的光线下使用三脚架，因此最好能够通过触摸确认支架是否准备就绪。

高度：三脚架的支架决定了三脚架的高度。三脚架有各种高度，从约一英尺高到比人还高，应有尽有。你希望让相机固定在一个适合你自己的高度，所以三脚架的高度取决于你的身高。在决定三脚架的高度时，我不会去计算中心柱的高度，因为使用中心柱给三脚架带来的稳定性比不使用中心柱的稳定性要高得多。

三脚架云台

大多数三脚架可以让你将支架和云台混合搭配，这样你就可以选择适合你自己摄影需求的组合。三

脚架云台基本分为三大类：球形云台、三维云台和电影摄影云台。

球形云台：球形云台可以让你在任意位置使用一个锁定螺丝或杠杆快速轻松地将相机固定，也可以固定在一个盘子或夹子上进行使用，我们将在本章稍后展开讨论。球形云台的缺点在于，它只有一个轴，仅对一个轴进行微调是非常困难的。如**图19.3**所示，球形云台可以任意角度夹持相机。

三维云台：这是一种更传统的三脚架云台，它允许你对每个轴进行单独调整（**图19.4**）。此类云台的真正优势是能够微调相机的位置和角度。这是我在夜间用三脚架拍摄时最常用的云台类型。

电影摄影云台：电影摄影云台便于在相机锁定之后也能顺利移动。此类云台使用流体技术，以便在拍摄过程中移动相机时动作平滑，不会发生任何抽搐抖动的情况。电影摄影云台可以用于普通摄影，但是你为了获得平滑的移动也需要支付额外的费用。

其他因素

在购买三脚架之前，还有几个

重要因素需要考虑。

重量：如果你打算经常随身携带三脚架的话，你需要仔细考虑三脚架支架和云台的重量。我的大部分拍摄地点都距离我停车的地方不远，所以我无需选择最轻的三脚架。我也有一个非常沉重的工作室三脚架，我绝不会带着它去外出探索地点或旅行。

负载重量：你需要确保三脚架可以承载相机和镜头组合的重量，以及你计划在将来使用的任何相机和镜头组合。许多便宜的三脚架看起来挺好的，但当你把一个有着大而重的全尺寸数码单反相机和镜头架上去的时候，这个三脚架就变得不稳定了，你的照片也就不够清晰锐利。较新的无反光镜相机的真正优势之一是，它们比同等的 DSLR 重量轻，这意味着你可以使用较轻的三脚架。

成本：没人愿意浪费金钱，或者付出太多的代价，但是你必须为质量付出代价。虽然一个好的三脚架可能十分昂贵，但是适当的保养就能让它用很长一段时间。

L形快装板：我买过的最好的东西之一就是我的相机的L形快装板。你可以在**图 19.5**中看到它本身的样子，**图 19.6**显示的是它连接至尼康 D4 上的样子。L形快装板能够使我轻松地将相机的方向从横向切换到纵向（反之亦然），而无需调整

三脚架云台。L形快装板适合所有的瑞士品牌阿卡（Arca-Swiss）云台，并且能够完美稳定地契合。

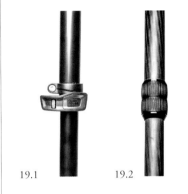

19.1   19.2

19.3

19.4

图 19.1　我的三脚架上的扳扣式锁定机制可以让我十分容易地判断它是否开启或关闭，即使在黑暗中也可以凭借触觉判断

图 19.2　许多摄影师更爱用旋钮式锁定机制

图 19.3　曼富图 495RC2 小型球形云台

图 19.4　三维云台可以让你独立调整每个轴，增加了很多控制和微调相机位置的可能，所以你可以准确获得你想要的场景和画面

图 19.5　超级适合我的尼康 D4 的L形快装板

图 19.6　连接在尼康 D4 上的L形快装板

19.5

19.6

20. 独脚架

独脚架基本上是一根用来帮助支撑相机和镜头的棍子。它们可以更便捷地支撑较重的镜头，并保持相机的稳定。虽然独脚架不如三脚架稳定，不适用于长时间曝光，但在拍摄运动和动作时，独脚架非常有用。在职业体育赛事的现场，摄影师们都会手握着独脚架，支撑着巨大的镜头。这些镜头的重量使得摄影师难以长时间单独用手扶握。

根据我的经验，在你需要使用焦距300mm及以上镜头的时候，独脚架一定能够为你减轻很多负担。独脚架通常固定在镜头上，因为镜头的重量通常比相机重得多，所以在放置镜头的位置能够增加更多的稳定性。

我最喜欢的独脚架实际上是为拍摄视频而设计的。它是老版的曼富图562B-1液压视频铝合金独脚架，现在已被曼富图MVM500A视频独脚架和500系列云台替换。这个独脚架有一个非常酷的支架，它能够让摄影师（或摄像师）顺利地移动摄像机的同时而保持支架不动（**图20.1**）。当支撑杆倾斜时，支架仍然保持稳定。通常我在使用这个独脚架的时候都会去除云台，直接将其连接至镜头上（**图20.2**）。

在挑选独脚架时，可以使用与三脚架相同的标准。重量、高度、成本、材料和锁定机制等所有因素都应该被考虑在内。

20.1

图20.1 我最喜欢独脚架的支架能够在保持稳定的情况下支持平稳的运动

图20.2 独脚架直接连接至相机底部的三脚架孔，或者连接至长镜头的三脚架孔

20.2

21. 夹具与转接板

除了直角架、三脚架等辅助设备，还有其他的选项可以保护你的相机。我最喜欢的其中就包括曼富图的万用夹（Super Clamp）和一个球形云台（如**图21.1**和**图21.2**所示）。万用夹是一种宽重型夹具，用于将灯固定在杆上，也可用于固定相机。最大的优点是它的成本大约只需180元，并且它的体型比三脚架小得多。你可以非常轻松地把它放在一个相机包里并带它去旅行，完全不会占用太多的空间。其缺点是你需要把它附加到某些东西上才能有用，并且它的稳定性取决于你将它附加到的那个物品的稳定性。

另一个伟大的产品是Platypod，它是一个很重的金属底座，你可以将它连接至球形云台上。它能够非常稳定地支撑你的相机和镜头。市面上有各种Platypod产品适用于不同尺寸的相机和镜头。最大可以支撑重达300磅（1磅=0.45公斤）的装备，这对于任何摄影师来说都是足够的。该设备配有脚钉，可以牢牢抓住地面，以帮助它保持稳定及相机的安全。

若要真正发挥Platypod底座的

有效性，你需要使用一个球形云台。如**图21.3**所示，我将一个小球形云台连接至Platypod底座上，并将相机固定在球形云台上。这种设置使我的相机能够尽可能地保持稳定。

如果这些工具都不适用于你，那么还有一个选择。这不是最好的选择，但聊胜于无。只需将相机放在一个平坦的表面上，并在镜头下面放一件衣服，以防止相机移动。嘿，我刚刚的确已经声明过了这是最后一个办法，如果你有一个快门线或遥控器就最好了。

图21.1

图21.2 万用夹已连接至球形云台

图21.3 Platypod已连接至球形云台，支撑着尼康D750

22. 遥控器、快门线和定时器都必不可少

让我们来假设一下，比如你的相机已安装在三脚架上，并且已经保持了一个尽可能稳定的状态，然后按下了快门，拍摄照片。图像拍摄完成后，你查看时发现它有一点点模糊。按下快门的这一动作可能会让相机发生微小的振动，导致图像略微模糊。

有许多工具都可以用来远程触发相机，无需真正触摸，就能减少相机震动的概率，并使你能够拍摄出更清晰的图像。从简单的有线一键式快门线到具有大量功能的无线遥控器。你使用哪一种遥控器取决于你想要做什么以及你的预算。我有四种不同的遥控器，价格不等，各司其职。

若要在弱光条件下拍摄长时间曝光的图像，其实你只需要一个触发器，可以打开快门并将其保持在打开状态。这就需要你使用我们在第12节中讨论的B门模式。只要按住触发器上的按钮，快门就会保持

打开状态。所有的遥控器都可以做到这一点，但更昂贵的遥控器区别在于它们能够设置保持快门打开的时间，自动拍摄多个图像，并自动支持拍摄长时间曝光的HDR图像。

在**图 22.1**中，你可以看到我现有相机的所有遥控器：尼康 MC-36、非品牌基础款快门线、无线定时器（Phottix Aion）和尼康 ML-L3无线遥控器。

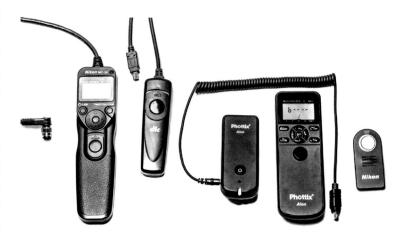

图22.1　我使用的尼康相机的遥控器和快门线的集合

23. 使用快门线

快门线分为两种类型。第一种只能让你触发相机的快门，第二种不仅可以让你触发快门，而且还具备一套更高级的功能。这些功能包括设置曝光长度；拍摄延时电影；拍摄多次定时曝光等。

这些快门与相机之间由电线相连接。找到适用于自己相机的快门线至关重要。每个品牌所使用的插头不同，有时同一制造商的不同相机型号端口也会存在差异。

我仍然使用着几年前购买的老款尼康 MC-36 快门线，这款快门线适用于配备尼康 10 针端口的相机。这个快门线现在有一个新的版本：MC-36A。这种快门线使你能够将快门锁定为长时间曝光，并且还有其他一些功能非常有用，你可以设置快门保持打开的时间长短，快门线也可以作为间隔定时器进行延时拍摄。

快门线的另一个替代品是非官方生产的快门线装置，同样可以连接相机，并允许你按下并锁定快门装置（**图23.1**）。这些都是基础配件、价格便宜，并适合长时间曝光。当我刚买尼康 D750 的时候，我购买

了其中一个快门线，因为我的相机没有 10 针接口，所以我的 MC-36 快门线无法使用。现在 MC-36 的许多功能实际上已经内置在相机中，所以简单的快门线就可以创造奇迹。

图23.1 一个插入尼康 D750 的简单的快门线。在需要的时候，快门可以锁定，以保持一直打开的状态

24. 遥控器帮你实现无线操控

无线遥控器真的很酷。它们能让你在无需触摸相机的情况下，从远处触发相机快门。我经常使用两款不同的无线遥控器。首先是尼康ML-L3，这是一款非常简单的单按钮遥控器，可与各种尼康相机配合使用。它使用红外线来控制相机快门。按一下按钮打开快门，然后再次按下则关闭快门，使用时需要激活相机的菜单系统中的遥控设置（**图24.1**）后才能使用。这个遥控器唯一的缺点是，它的体型太小，放入相机包里很容易找不到。

我的另一个无线遥控器是Phottix Aion，这是一个连接至相机的带发射器和接收器的两件式遥控系统。适用于尼康、Canon、Sony和Olympus的这款无线定时器和遥控器已经上市。如果你有多个不同端口的相机，这一款遥控器应该会非常适用，因为你可以为每个品牌购买其所对应的系统。我使用的版本是为尼康所制作的，并附带适用于我所有尼康相机的电缆。它具有很多不同的功能，所以我建议你在拍摄之前仔细阅读说明书。

图24.1 尼康 D750 上的菜单系统显示了遥控选项

25. 我喜欢的智能手机App

现在有许多适合摄影师的智能手机应用程序，其中有一些我真的特别喜欢，并且会经常使用。但是，这些应用程序常常会被修改、更新，甚至有些时候会消失。在撰写本文时，我所选择的应用程序都是最新的版本（2017年初；**图25.1**）。

PhotoPills：这个应用程序中有大量信息对于任何一位摄影师来说都大有裨益，但是我最爱的一个功能是它提供了有关每一天的太阳和月亮的细节。你可以从中找到日落时间、黄金时间、蓝色时间、航海曙暮光和天文曙暮光的确切时间，以及夜晚的全部时间。它还列出了月出时间以及月光的可见量。单单这两项功能就足以让这个应用程序成为夜间拍照的必备工具。其余的工具如曝光计算器、景深计算器和照片规划师都是锦上添花。

ProCamera：这个应用程序可以让你更好地控制智能手机的相机，让你可以使用智能手机进行测试拍摄，而无需使用完整的数码单反相机设置。当我确认新的拍摄地点是否值得携带三脚架和我所有的尼康装备时，我喜欢使用这个应用程序。

LExp（长时间曝光计算器）：这个应用程序囊括了你想要的所有计算器。它以非常清晰简洁的格式提供信息，并且包含月球摄影、星际计算器，甚至是极光摄影。它也有拍摄烟花和流水的功能。

遗憾的是，创建了我最喜爱的应用之一Triggertrap的公司正在走向没落。Triggertrap是一款优秀的应用程序和硬件的组合，可让你将智能手机用作DSLR的遥控器。如果你已经拥有这个应用程序和快门线，请继续使用下去！

图25.1 我的iPhone上的所有适合弱光摄影的应用程序

第3章

在弱光条件下捕捉动作

第 3 章

在本章中，我将介绍如何在弱光情况下拍摄移动的物体。你可能想要在星期五的晚上拍摄灯光下快速移动的运动员，或是拍摄舞台上摇摆的音乐演奏家。或者你可能想要在教堂中拍摄新娘、新郎，或拍摄舞台上的演员。在这些情况下，你不能像之前那样，将相机安装在三脚架上，使用较长的快门拍摄，因为那些拍摄对象在移动，你使用这个方法只会拍摄出模糊的图像。捕捉现场表演的魅力是最令我满意的摄影类型之一，我真的很喜欢这种类型的摄影，这是我最熟悉的摄影类型。在接下来的内容中，将分享我的思考过程，以及如何实现准确的曝光，包括我使用的设置及其原因。本章讲述的内容会让你在拍摄婚礼、孩子的生日聚会等任何类型的照片时，都可以拍出最好的作品。

26. 你能将ISO调至多高

ISO是弱光条件下拍摄动作的秘密武器。如果你和我学习使用相机的步调保持一致的话，你就会发现这是本书关于ISO的第三部分。本书反复强调ISO有着充分的理由，将ISO调得越高，就可以让你在更低的光线下拍摄。

如前所述，打造曝光需要光圈、快门速度和ISO。你不能神奇地增加镜头的开放度，并且你必须使用足够快的快门速度来将动作定格，所以你唯一的解决办法便是增加光线或增加ISO。如果你按照第2章第13节的建议测试了相机的噪点水平，那么你就能够确切知道你可以设置的ISO的数值，并仍能获得让你感觉舒适的图像。

一味地将ISO调至很高也存在一些弊端，我尽量将它保持在尽可能低的位置，但多年来，我也已经习惯在合适的时候将ISO提高一点点。作为一名摄影师，我对数字噪点（或者使用胶片相机拍摄时的颗粒）非常敏感，但是大多数人看我的照片时根本察觉不到，如果噪点或者颗粒变成了照片的焦点，那么很有可能是因为这个主题不值得被拍摄。**图26.1**和**图26.2**都拍摄于同一个节目，两者均以较慢的快门速度（表演者动作不快）和最大的光圈（ISO 6400）拍摄。噪点真的不太明显，因为照片所捕捉的精彩瞬间比照片中的噪声更吸引人。

尽管这两个图像都是在相同的高ISO下拍摄的，但是由于两张照片的整体色调不同，所以可见噪点的数量便有所不同。在黑暗的地方，噪点往往比较明显，所以当图像整体较亮时，噪点会减少。

在过去，我会停在ISO 6400时止步不前，因为我会害怕产生更多噪点。但其实新的相机在拍摄时可以使用更高的ISO，而且还能拍出非常好的照片。**图26.3**是以ISO 25600拍摄的，是的，噪点很多，并且还存在颜色问题。但是，在**图26.4**中，你可以看到我能够在Camera Raw编辑图像时修复颜色问题并减少噪点。我们将在第5章对操作步骤进行展开讨论。

图26.1 这场演出所在的场馆里的光线非常昏暗
ISO 6400; 1/80秒; f/2.8; 140mm

图26.2 更加黑暗的背景让照片中的数字噪点显得更为清晰
ISO 6400; 1/80秒; f/2.8; 140mm

图26.3 因为我在一个非常黑暗的俱乐部拍摄了这张杰姬•格林（Jackie Greene）的照片，所以我需要使用极高的ISO来获得适当的曝光
ISO 25600; 1/320秒; f/2.8; 60mm

图26.4 我在Camera Raw中处理图像，成功解决了颜色问题并减少了噪点
ISO 25600; 1/320秒; f/2.8; 60mm

27. 将动作定格

在照片中将动作定格至关重要，特别是当你在拍摄运动、演唱会和婚礼等活动时。实际上有两种方式可以定格移动的主体：你可以使用较高的快门速度，也可以使用闪光灯。下面我们来看看这两种方法，以及何时可以使用它们。

拍摄动作的快门速度

高的快门速度是通过使相机快速打开和关闭快门而使拍摄速度比拍摄对象的移动更快。所以拍摄对象移动得越快，快门速度就越快。为了在弱光条件下将动作定格，你需要知道场景中有多少光线以及拍摄对象移动的速度。光线越低、运动越快，定格动作就越困难。

还有一个问题就是主体在画面中移动的方向。如果拍摄对象朝向你或向远离你的方向移动，那么你就可以使用较慢的快门速度；但是如果拍摄对象在画面中横向平移，那么就需要较高的快门速度。

在表 27.1 中，我列出了一些移动的拍摄对象以及定格它们所需的最低快门速度。这些只是指导方针，你还是需要去查看你的照片是否真的将动作定格了。

以下照片全部采用较高的快门速度拍摄而成。快门速度介于 1/1600 秒到 1/30 秒之间不等，全部取决于拍摄对象移动的速度。

使用闪光灯将时间冻结

有些时候你可以使用闪光灯来冻结动作。首先你需要的是一个可以让你使用闪光灯的环境。你不能使用闪光灯这种技术来拍摄演唱会，因为大多数场地不允许使用闪光灯，所以你不能用它来拍摄很多运动，并且那些动作距离你太遥远了，很多体育赛事也不允许使用闪光灯。但是，当你拍摄人像和其他物体时，你就可以使用这个方法。

闪光灯可以使动作定格，因为闪光灯的持续时间非常短。例如，尼康 SB-910 闪光灯 1/128 的闪光持续时间为 1/38500 秒。如果你使用 Profoto 的 Pro-10 等高端专业闪光系统，则可以获得 1/80000 秒的闪光时间。这意味着即使使用较慢的快门速度，闪光灯也会在闪光时定格。无论是在曝光开始，快门第一次移出传感器时，还是在快门关闭之前的曝光结束时，都需要设置相机何时开始闪光。

表 27.1

动作	将动作定格的时间
站着或坐着的人	1/60秒～1/15秒
向你走来的人	1/60秒
走着横穿过镜头的人	1/125秒
向你慢跑而来的人	1/80秒
慢跑着横穿过镜头的人	1/250秒
向你跑步而来的人	1/125秒
跑步横穿过镜头的人	1/1000秒～1/500秒
飞速跑步横穿过镜头的人	1/2000秒～1/1000秒
将足球踢出横穿过镜头的人	1/500秒
开车横穿过镜头的人	1/1000秒～1/500秒

图27.1 有一些音乐家不会有太多的动作，所以较慢的快门速度就能拍摄出效果很好的照片
ISO 800; 1/125 秒; f/2.8; 200mm

图27.2 重金属表演中可能会包含一些速度很快的动作，例如疯狂的头部甩动，所以需要使用更快的快门速度进行拍摄。在拍摄这张照片时，我使用了 1/500 秒的快门速度将这位演奏者狂野的头发定格了下来
ISO 1600; 1/500 秒; f/2.8; 200mm

图27.3 当拍摄对象坐下不动时,可以使用较慢的快门速度。在拍摄布鲁斯•霍斯比(Bruce Hornsby)这张照片时,我使用的是1/30秒的快门速度
ISO 1600; 1/30 秒; f/2.8; 200mm

图27.4 在婚礼上,父亲与女儿手挽手走向圣坛的那段路,可以以相当慢的快门速度拍摄,因为他们走路的速度通常较慢,并且他们是朝着相机移动,而不是横穿过画面
ISO 800; 1/60 秒; f/2.8; 200mm

图27.5 美式橄榄球动作很快,所以我需要很快的快门速度来将动作定格
ISO 3200; 1/1600 秒; f/2.8; 400mm

图 27.6　在晚上拍摄垒球需要非常高的ISO才能获得一个能够将动作定格的快门速度。即使使用1/800秒的快门速度，垒球和球棒仍然呈现出模糊的状态，不过球员得到了清晰定格
ISO 6400; 1/800秒; f/2.8; 400mm

28. 捕捉动态

快门速度决定动作在照片中的效果。到目前为止，我们已经谈到了定格动作，但是有时候你可能希望照片中能体现出动态的感觉。若要做到这一点，这个动态需要看起来像是你有意识地捕捉到的，而不是错误拍摄出的一个模糊的图像。有几种方法可以做到这一点，不过都需要长期练习。第一种方法是使用足够快的快门速度来定格一些动作，但是同时这个速度也要足够慢，从而允许一些移动效果的存在（**图28.1**）。这就会增加图像的动态感觉。

这个方法效果最好的情况是拍摄对象动作幅度不太大的时候，他正在做的事情会让他的手臂或腿部移动的速度超过他的身体。例如，当我拍摄鼓手的时候，我希望能够拍几张鼓槌移动但是鼓手定格的照片。这就能让观众知道鼓手实际上在演奏鼓，而不是静坐在鼓的后面（**图28.2**）。

显示动态感的第二种方法叫作平移。这适用于横穿过画面的拍摄对象。使用较慢的快门速度，当拍摄对象从左到右（或从右到左）移动时，使用相机跟踪拍摄对象。通过练习，你可以使拍摄对象的速度与你平移相机的速度相匹配，从而保持拍摄对象能够对焦。这种方法也会使背景模糊。要获得成功的平移照片，快门速度需要足够长，以便让拍摄对象的移动过程被记录下来，而背景变得模糊。拍摄对象移动越慢，快门需要保持打开的时间则越长。

拍摄这种照片的过程趣味丛生，并且你也可以获得一些非常好的结果。如**图28.3**所示，我追踪记录了十字路口的一辆黄色出租车平移的过程。所拍摄出的照片显示出了出租车的运动过程以及汽车后面餐厅的明亮灯光。

图28.1　我使用1/100秒的快门速度将比利定格，但你仍然可以看到他右臂的动作，使照片更具动感
ISO 800; 1/100秒; f/2.8; 200mm

图28.2 鼓手被定格，但你可以看到鼓槌在晃动
ISO 2500；1/125秒；f/2.8；200mm

图28.3 我使用1/2秒的快门速度来拍摄这辆出租车，让它能够移动足够长的时间，从而在照片中显示出动态的感觉
ISO 200; 1/2秒; f/2.8; 70mm

29. 获得准确曝光的简易途径

我在弱光条件下拍摄时，使用了一种能够获得准确曝光的方法，而且这种方法非常简单。这个方法在光线变化和恒定的时候都有效。我在看了一大堆我拍摄的演唱会照片之后，萌生了这个想法。当我查看照片的元数据时，发现其中大量的照片是以相同的设置拍摄的。现在我每次拍摄演唱会或者是任何弱光条件下的表演场合时，都会首先使用这样的设置。虽然可能无需更改你的设置，但是具体设置还是取决于你所拍摄场景中的光照条件。

首先试试以下设置：

- **ISO**：1600
- **光圈**：f/2.8
- **快门速度**：1/250秒

由于这只是一个起步设置，你仍然需要评估光照条件并根据表演场景调整设置。首先，拍一张照，并在相机背面的液晶显示屏上查看照片。有三种可能的结果：

- 如果照片太亮，请提高快门速度。
- 如果照片太暗，请降低快门速度，直到曝光准确。如果快门速度变得太慢而无法定格动作，那么请同时提高ISO和快门速度，并再次进行测试。

- 如果照片在1/250秒的快门速度时变得模糊不清，请增加快门速度和ISO。

这些理论听起来比实际操作复杂得多。我通常拍摄两到三张照片就能获得准确曝光，而且通常只需要一两秒钟。

下一步取决于你所拍摄场景的光照条件，如果你所拍摄场景的光照条件恒定，比如室内体育赛事，那么你无需调整曝光值，就可以开始拍摄。我拍摄的**图29.1**~**图29.3**就属于室内光线不会发生变化的赛事场合。在拍摄**图29.1**的时候，我需要一个非常高的快门速度来将网球定格，所以我把ISO从1600提高到3200，然后再提高到6400，所以我便能使用1/1250秒的快门速度进行拍摄。

当你在拍摄戏剧、舞蹈、演唱会或其他灯光变化的事件时，难度会增加。当你输入了初始设置之后，你只需根据光线的变化调整快门速度；如果灯光变亮，请增加快门速度；如果灯光变暗，请降低快门速度；如果灯光真的很暗，那么可能需要增加ISO。这确实需要一些练习，但请记住，你不必担心拍摄场

景中的所有光线，只需关注照亮你的拍摄对象的光线即可。例如，在**图29.4**中，无论吉他手背后的烟雾有多明亮，我需要关注的只是他手上和脸上有多少光。

图29.1 我需要1/1250秒的快门速度来定格飞行中的那个网球。这意味着我必须使用ISO 6400和f/2.8的光圈。当我输入这些设置之后，我就能够将注意力集中在动作上而无需担心曝光问题
ISO 6400；1/1250秒；f/2.8；400mm

图29.2 拍摄室内足球并不容易，因为场上踢球的动作发生的速度太快。但是它并没有网球那么快，所以1/500秒的快门速度足以让动作定格，这使我可以使用ISO 3200
ISO 3200；1/500秒；f/2.8；200mm

图29.3 这场拳击和混合武术发生在一个照明均匀的小区域，但是你需要快速的快门速度来将这个动作定格，当一个职业拳手挥出一拳或者踢出一脚时，这个速度可能非常快
ISO 2500；1/1000秒；f/2.8；70mm

图29.4 吉他手克里•金
ISO 1600；1/800秒；f/2.8；200mm

29.1

29.2

29.3

29.4

30. 其他设置

在之前的章节中，我谈到了曝光设置，但还有其他一些设置可以使图像产生巨大的变化。这些是控制图像颜色、拍摄照片数量、文件类型和图像尺寸的设置。

- **白平衡：** 数码相机上的白平衡设置可让传感器知道照亮场景的光线类型，以便准确渲染颜色。每种类型的灯具有不同的偏色，对于演唱会和其他灯光始终在变色的场合，我使用自动白平衡设置，可以让相机根据自己认为正确的方式调整颜色。这对于演唱会照片来说是最好的，因为它往往会展现演出过程中出现的颜色。

  如果灯光不变，选择准确白平衡的最简单方法是在相机的 LCD 屏幕上查看场景，然后循环执行白平衡设置，直到看到最适合你的偏好的那个设置。在后期处理过程中调整图像的白平衡十分容易（请参阅第 5 章）。在**图 30.1**和**图 30.2**中，你可以看到白平衡在图像中可能产生的差异。

- **拍摄模式：** 拍摄模式控制着你按住快门时，拍摄图像的数量。主要设置的是单张拍摄和连续拍摄。（有些相机将这些设置称为低速连拍和高速连拍。）按下快门时，相机可以拍摄一张照片，或者一直拍照，直到你松开按钮或者相机（或存储卡）中的缓冲区已满。对于运动和动作摄影，你会想要不断地拍摄，而对于人像和风景摄影，最好使用单张拍摄。

- **文件类型：** 你的相机可以以两种主要格式保存图像：RAW 或 JPEG。有些相机可让你同时以两种格式保存图像。RAW 文件包含传感器收集的所有信息，必须稍后进行处理。JPEG 文件在相机内已经过了处理，并应用了所有相机设置。它可以直接从相机拍摄并通过电子邮件发送到网站或社交媒体，也可直接打印，无需任何额外的编辑。JPEG 文件比 RAW 文件小，所有这些特点都使得 JPEG 文件格式非常适合紧急关头的摄影师，比如那些拍摄体育赛事并需要尽快传送图像的人。

  过去，当我的图像需要快速转换的时候，我就会使用 JPEG 文件类型，比如像圣迭哥动漫展这样的事件，其实客户会将我的照片进行分类与编辑。现在许多相机（包括我一直使用的那两个相机）都拥有多个存储卡插槽，存储卡空间比以前更大，速度更快，我经常以两种格式进行拍摄，将 RAW 图像发送到一张卡上，JPEG 图像发送至另一张。这使我能够快速访问 JPEG 图像，但是如果我需要返回并编辑图像，那么我会使用包含传感器收集的所有数据的 RAW 文件。在**图 30.3**中，你可以看到尼康 D750 提供的所有文件类型选项。

- **图像质量和尺寸：** 以 JPEG 模式拍摄时，还可以更改图像质量和尺寸。请查阅你的相机说明书，了解可用的选项。我建议使用最高的图像质量和最大的尺寸，以后可以随时减少图像的质量和尺寸，但如果在拍摄完成后试图增加图像质量或尺寸则会十分困难。等你想要制作大尺寸冲印，或是你的客户想要照片的大格式版本，而你却没有的时候就为时已晚。

30.1

图 30.1 这张照片的白平衡是准确的，婚纱也是正确的颜色
ISO 500; 1/30 秒; f/6.3; 70mm

图 30.2 这张照片的白平衡不准确，照片整体偏蓝色色调
ISO 500; 1/30 秒; f/6.3; 70mm

图 30.3 尼康 D750 为你提供了七种不同类型的文件选项

30.2

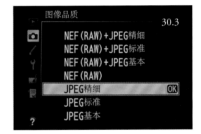

30.3

图像品质

NEF (RAW) +JPEG精细
NEF (RAW) +JPEG标准
NEF (RAW) +JPEG基本
NEF (RAW)
JPEG精细
JPEG标准
JPEG基本

31. 保证对焦准确

每个摄影师都会通过其拍摄的照片讲述故事，而照片中的焦点则成了故事的主题。当你在弱光条件下拍摄时必须使用大光圈，这会产生非常浅的景深。你可以利用这个优势，因为观众的眼睛总是被吸引到照片中的焦点上。例如，我曾使用很大的光圈拍摄音乐家马克·卡兰（Mark Karan）弹吉他（**图31.1**）。距离相机最近的手部处于清晰对焦状态，但焦点以外的区域逐渐模糊，使观众的注意力集中在我想要的位置。

当你拍摄一些较远的东西，比如运动和婚礼时，使用大光圈效果也会很好，这也是那些了不起的动作照片看似要从纸（或屏幕）上跳出来的原因。浅景深将拍摄对象和背景之间的空间凸显，从而让拍摄对象在照片中脱颖而出（**图31.2**）。

浅景深也适用于人像。当我在日落时分的公园里拍摄伊琳娜（**图31.3**）的时候，我将光圈开得很大，并且增加了一些来自外置闪光灯的补光以平衡光线。浅景深能够在创造一个漂亮的失焦背景的同时保持对模特的对焦。

为确保你的注意力集中在正确的区域，需要了解你的相机如何对焦以及如何选择准确的焦点。大多数相机对不同的拍摄对象有着不同的对焦模式。对焦模式分为两种主要类型：连续自动对焦和单拍主体自动对焦。在连续自动对焦模式下，半按快门时，相机开始对焦并且持续对焦，直至拍摄完毕。在单拍主体自动对焦模式下，半按快门时，相机开始对焦，一旦对焦完成，即使拍摄对象或相机移动，对焦也不会停止。只要半按下快门，焦点将保持锁定状态，这可以让你锁定焦点，然后调整构图，这在拍摄静态主体时非常有用，不过要确保将焦点放在一个特定的事物上。在拍摄正在移动的主体时，最好使用连续自动对焦，以便相机持续调整对焦直至拍摄图像。

相机也有多个焦点可以用来指导对焦。你可以选择使用单个焦点还是多个焦点。你使用的焦点越多，相机就能越容易地锁定拍摄对象。但是，它也可能会锁定错误的东西。当我拍摄演唱会等活动时，我使用一个焦点来确保相机将焦点对准我想要的内容。当我在拍摄运动物体时，我会用多个焦点，因为这对快速移动的拍摄对象来说会更有效。在任何时候，我都不会将焦点控制权交给相机，因为它通常只关注最接近镜头的任何物体。

图31.1 　浅景深将观众的注意力直接吸引到马克的右手上
ISO 1600; 1/320 秒; f/2.2; 85mm

图31.2 　在拍摄这张美式足球比赛的照片时，我使用了一个大光圈虚化了背景中的看台，并将注意力集中在了球员身上
ISO 2500; 1/320 秒; f/2.8; 300mm

图31.3 　大光圈和较长的焦距创造了一个模糊的背景，并且外置闪光灯的补光产生了良好的均匀照明，使得伊琳娜从背景中脱颖而出
ISO 1600; 1/250 秒; f/3.5; 200mm

32. 提前规划

提前规划大大增加了你拍摄出更好的照片的机会。比如拍摄运动、婚礼、演唱会以及其他这类活动时，有一些事情可以提前做好准备，机遇只偏爱那些有准备的人。

- **观察灯光：**当你在弱光条件下拍摄演唱会、话剧等活动时，灯光会在拍摄过程中会发生剧烈变化。观察它们如何移动，以及它们所照明的对象。例如，如果场景中有聚光灯，那么主演将获得较多的照明，使得他们更容易拍摄，并且比周围区域更亮。当你拍摄聚光灯下的表演者时，你可以使用较高的快门速度和较低的 ISO。
- 在演唱会上，聚光灯通常指向正在唱歌的表演者或正在表演独奏的乐队成员。例如，当我拍摄**图 32.1** 时，我知道在歌曲的演唱部分，聚光灯将会集中在比利身上，

所以我很容易获得准确的曝光值。如果灯光在移动，他们明显会以一定规律移动，这样你就可以确定拍摄照片的最佳时间。对于婚礼和运动场景，整个活动的灯光通常是恒定的，所以你可以在动作开始前为每个区域设置曝光值，然后在活动期间将注意力放在构图上。

- **预判动作的走向：**这看起来很简单，但它确实可以帮助你捕捉到动作的关键时刻。确定主要动作的发生地点，并将注意力集中在这些方面。例如，当我在拍摄冰球比赛时，我会注意球场尽头的球门区域，因为拍摄飞行的冰球越过守门员的那一刻，在整场比赛中非常重要。在演唱会上，你可以通过观察麦克风和音乐设备的放置位置，来确定表演者的基本动作。了解你正在拍摄的事件，

可以知道动作发生的时间和地点，使你能够使用正确的设备在正确的时间记录正确的位置。

- **了解你的拍摄位置：**如果我们在比赛中被允许从任意一个我们想要的位置进行拍摄的话，那么生活将会多么美好，然而事实并非如此。大多数场馆都有严格的规章制度，限制了我们的拍摄角度。例如，在演唱会上，摄影师要么在舞台前的拍摄区域，要么在共鸣板的后方。在节目开始之前，了解你可以在哪个区域进行拍摄能够帮助你选择携带正确的镜头。婚礼、运动、话剧以及其他活动亦是如此，事先进行勘查，找出你的拍摄角度，思考你需要使用哪些装备来完成拍摄。

图 32.1 当偶像比利唱歌的时候，聚光灯通常会照在他的身上，因此很容易得知他会在什么时候被照亮
ISO 1600; 1/250 秒; f/2.8; 200mm

- **了解事件的时间安排：**这在拍摄舞蹈表演、话剧、独奏会、婚礼和任何具有特定时间表的活动时尤为重要。你需要知道表演者是谁，以便你可以做好准备去捕捉动作的关键时刻或事件的某个特定部分。我通常会在活动开始之前和演员们确认演出的顺序，或者至少我研究了这个演出，所以我为演出的每个部分都做好了准备（**图32.3**）。
- **确保你的镜头和相机已经准备就绪：**确保在活动开始之前，你有一个电池满电的相机、一张刚刚被格式化过的存储卡，以及正确的镜头。然后确保你知道相机的当前设置，这样你便可以在开始拍摄时轻松调整它们。例如，我知道当我在拍摄演唱会时，我的相机被设置为手动曝光模式，ISO 1600，快门1/250秒和光圈f/2.8，自动白平衡，点测光和连拍自动对焦与一个单一的焦点。当动作开始时，我就做好了准备，因为我知道当前的设置，我便可以在需要的时候轻松调整它们。
- **快速设置曝光值：**你获得准确曝光值的设置速度越快，你便有更多的时间进行构图。了解你相机上那些按钮的功能，并通过触摸来了解其定位，因此你不必在拍摄时将相机从眼前移开来查看按钮和拨盘。你最好能够在不看相机的情况下调整光圈、快门速度和ISO，这在光线不足的情况下拍摄时尤其有用，而且弱光环境真的难以看清。你可以坐在沙发上进行练习，直到它们都成了你的记忆，那么当你在拍摄事件的时候，一切都会水到渠成。
- 当一个运动队参加比赛时，他们会拟一份计划，他们还会准备一个备用计划，并且他们还有计划去与另一个队相抗衡。作为一名摄影师，你需要有一个主要计划、一个备份计划，以及在事情出错时的弥补方案。很多时候，成为一名成功的摄影师并不取决于你按下快门的那一瞬间，更多的是你快速解决问题的能力。

图32.2 我知道这场排球比赛的关键动作将会发生在球网上方，于是我就对焦在了那个地方
ISO 3200; 1/250秒; f/2.8; 70mm

图32.3 我准备在圣迭哥边缘艺术节的阿斯特赖俄斯空中舞蹈剧场表演《神话》期间拍摄阿曼多，因为我知道演出的顺序，包括每个演员将在何时何地演出
ISO 1600; 1/400秒; f/2.8; 200mm

第4章

弱光条件下的人像与风光摄影

第 4 章

日落初始之时，世界充满了适合拍摄的美好场景；当灯光点亮城市的时候，单调而无聊的街道将焕然一新；随着太阳落下，月亮升起，那平淡无奇的天空绽放出美丽祥和的色彩。夜间拍摄并不容易，它需要提前计划和一些拍摄技巧，但结果可能很有趣。本章从弱光条件下拍摄人像解决方案开始，然后介绍只有在日落后才会出现的摄影场景，城市的华灯初上、夜晚的天空和烟花，最后你将学习到如何用光进行描绘以及捕捉光的痕迹。

33. 弱光条件下拍摄人像

本节的主要内容是通过使用现有的光线或增加影棚灯、闪光灯等补光设备在弱光条件下拍摄人像。这可能意味着使用宽大的窗户透入的自然光、较慢的快门速度、较大的光圈、较高的ISO或任意组合来获得准确的曝光值。在拍摄**图33.1**的时候，我使用了低速快门和大光圈充分利用了现有的晨光。拍摄中最困难的部分是让骑手站着不动。

将相机安装在三脚架上并将其设置为"光圈优先"模式，这样相机就可以自己设置快门速度，使用现有的光源可能会变得十分简单。在曝光过程中，你只需要让拍摄对象保持不动。

更困难的情况是没有光线的时候，你便需要添加一些光照。我非常喜欢使用那些体型小巧、功能强大的闪光灯。这些闪光灯可以直接安装在相机上并由相机控制。其中很多都能够根据场景自动调节灯的亮度。虽然这些闪光灯非常棒，但是它们也存在一些限制。

- **尺寸：** 这些闪光灯体型小巧、易于携带，但也意味着它们所产生的光线细而强。
- **同步速度：** 大多数闪光灯只能同步到1/250秒或更低的快门速度。许多更先进的相机和闪光灯都有一个高速同步模式，可以提供更高的同步速度，但是这些模式只有在闪光灯安装在相机上或是由内置触发系统控制时才能工作。它们不能使用无线触发器，例如Pocket Wizard制作的触发器。
- **电池寿命：** 这些闪光灯使用的AA电池不会持续很长时间。我建议使用充电电池，因为如果你每次需要使用闪光灯时都要去购买新的一次性电池的话，这个成本将会增加。

在**图33.2**中，你可以看到装有SB-900闪光灯的尼康 D4。你可以旋转闪光灯灯头并更改其角度，从而可以在连接到相机时控制闪光灯。当这些闪光灯单独使用时，其优点会变得非常明显。

图33.1 1/20秒的快门速度已足够慢，因此可以允许用自然光来照亮这个场景
ISO 400; 1/20秒; f/2.8; 24mm

图33.2 在机身上安装了SB-900的尼康D4

使用离机闪光灯的方法有很多。你可以使用一根TTL线将相机的热靴和闪光灯相连。使用此类方法连接后，闪光灯会认为它仍直接安装在相机上，并会按照和安装在相机上的方法一样运作。

你还可以使用无线触发器，例如Pocket Wizard的无线触发器，方法是在相机上安装发射器，在闪光灯上安装接收器。当你按下发射器上的快门时，它会向接收器发送无线电信号。这种方法的弊端是太过昂贵，因为你必须为每个单独的闪光灯购买发射器和接收器。

在我看来，大多数高端闪光灯上都适用的内置触发器是使用离机闪光灯的最佳方法，如尼康创意闪光系统（CLS）中的触发器。它允许从相机对离机闪光灯的触发和控制。当你拥有离机闪光灯之后，你便可以控制光线与你的拍摄对象之间的关系。

图33.3～**图33.5**所示的是我在灯光昏暗的地方使用小型闪光灯拍摄的示例，闪光灯在相机上和相机之外均可使用。**图33.3**拍摄于一个白色屋顶的小帐篷内的新闻发布会上。我把闪光灯对准天花板，把光

线反射到演员身上，为拍摄对象增添了柔和的光线。在拍摄**图33.4**的时候，我将闪光灯放在一个小型柔光箱内，并使用尼康创意闪光系统技术通过相机的内置闪光灯触发。为了拍摄**图33.5**，我使用了一个带有束光筒的离机闪光灯，通过TTL线连接至相机，使闪光灯可以像连接到相机上那样拍摄。这些照片说明，你只需一次闪光即可在弱光条件下进行拍摄。

图33.3 在一个黑暗的帐篷内拍摄是一件具有挑战性的事情，但通过将相机闪光灯瞄准白色天花板，我便能够制造出柔和而均匀的光线。由于光由上向下照射而来，所以看起来十分自然
ISO 400; 1/60秒; f/5.6; 36mm

图33.4 在拍摄尼科尔这张照片的时候，我使用了一个尼康闪光灯，我把它放在左侧的一个小型柔光箱中，并使用尼康CLS技术触发，同时使用慢速快门让模特身后的灯光渗透了进来
ISO 800; 2.5秒; f/5.6; 70mm

图 33.5　在拍摄这张照片的时候，我使用了一个低功率的离机闪光灯，并将光线保持在
拍摄对象的脸上，使其看起来像是被蜡烛点亮了一般
ISO 400；1/15 秒；f/2.8；140mm

34. 慢同步

慢同步是一种摄影技巧，你可以使用较慢的快门速度，以使场景中的自然光线照亮背景，然后使用闪光灯为拍摄对象补光。这个想法是为了平衡自然光和人造光，这样你就可以保持背景和周围环境的氛围了。

如果你基本了解了照片的大致情况，以及照片中需要多少自然光线，那么这个技巧并不会非常困难。如**图34.1**所示，来自背景的光线可以渗入到画面中，而拍摄对象仍然得以均匀照亮。

这个技巧的关键是要记住，光圈控制闪光灯通过传感器的光量，而快门速度则控制的是自然光对曝光值的影响。

在**图34.2**～**图34.4**中，你可以看到以三种不同快门速度拍摄的同一场景。虽然依照片顺序，背景依次变得更加明显，但是前景中的模特一直都是一样的，因为她被闪光灯照亮。

只要你记得去平衡闪光灯的光线让其看起来更加自然，且不会将注意力过分地集中至拍摄对象身上，其实这个技巧真的可以打造令人惊叹的照片效果。

图34.1 这张照片拍摄于巴尔波亚公园的一个夜晚。我使用了低速快门拍摄背景中的灯光，并用闪光灯照亮了拍摄对象
ISO 400; 1/60秒; f/2.8; 140mm

图34.2 将城市作为背景的照片真的非常有意思，但以1/250秒的快门速度拍摄的话，其实并不能看到多少城市景色
ISO 400; 1/250秒; f/4; 70mm

图34.3 快门速度下降至1/60秒时，城市的灯光变得更明显
ISO 400; 1/60秒; f/2.8; 70mm

图34.4 更慢的快门速度可以让更多的城市灯光闪耀于照片的背景之中。不过这样拍摄的难处在于要让拍摄对象在这1秒钟保持不动
ISO 400; 1秒; f/2.8; 70mm

35. 夜景摄影勘景的重要性

夜景摄影指的是在黑暗中拍摄，因为当太阳下降至地平线下方之后，光线的颜色和质量分分秒秒都会逐渐变化，所以你需要了解你的拍摄对象以及要拍摄地点，这样你才能在太阳开始落山之前就设置好相机参数并调整好三脚架。这便需要你在当天早些时候进行勘查，规划一个你认为能够创作出最佳摄影作品的位置。

夜景摄影需要在太阳落山前开始，并且在你做准备工作时需要发挥一些想象力。你需要能够想象当太阳下山后夜间照明灯亮起时场景。正如**图35.1**~**图35.4**所示，同样一个场景在白天和太阳下山后都可能会有天壤之别。

勘景的另一个好处是，在天亮的时候去寻找一个陌生地点一定比在黑暗中摸索更为安全，有些在白天十分安全的地方到了晚上就可能危机四伏。你需要熟悉周围的环境。通常，在仔细观察某个地方的时候，只要有光，你就能有一丝安全感。你也可以事先熟悉地形，这样如果在光线较暗的时候想要移动时，你对当地情况的了解也会派上用场。你一定不希望正在拍摄或拍完照片之后被什么东西绊倒或踩进一个洞里。

图35.1 在白天的时候，这座桥看起来索然无味，但是到了晚上，灯光和倒影可以让同一个场景看起来焕然一新
ISO 800; 1/1600秒; f/6.3; 20mm

图35.2 桥上的灯光和水中的倒影形成了一幅极具魅力的画面，使其与之前在明亮日光下拍摄的照片截然不同
ISO 200; 174秒; f/16; 35mm

图35.3 桥梁之下的区域，由于桥墩形成的空间使白天的拍摄也极具几何趣味，但在夜间看起来会更加震撼人心
ISO 400; 1/80秒; f/16; 35mm

图35.4 我使用了很长的曝光来保持水面平滑，从而使倒影更加清晰。夜空宁谧的蓝色也为照片的效果增加了神秘而又深邃的气息
ISO 200; 120秒; f/11; 28mm

36. 慢速快门与大景深

弱光条件下拍摄要求你使用较慢的快门速度从而让足够的光线进入相机并到达传感器。很多时候，我们习惯尽可能使用最大的光圈，让最多的光线到达传感器，但是在夜景摄影的时候，你可以通过使用非常慢的快门速度、小光圈以及低ISO获得非常好的效果。

这个原理是使用足够慢的快门速度来压缩时间，并且这样做的话也能打造出一个更有趣的照片效果。长时间的曝光会让拍摄中移动的物体变得模糊，并且任何一道正在移动的光（如汽车灯）都会变成条纹状的光迹。为了能够使用非常长的快门速度，你需要使用非常小的光圈（如 f/22）和尽可能最低的ISO以限制到达传感器的光量。使用这种小光圈的效果是使景深大大增加，将更多的景物带入焦点范围。

当你这样拍摄照片时，保持相机在曝光过程中的纹丝不动至关重要。你首先需要确保三脚架安装正确，然后相机正确安装在三脚架上，并使用遥控器或快门线装置触发快门。如果你的相机具有反光镜预升（MUP）模式，建议你将其用于此类拍摄（**图36.1**）。

在数码单反相机上，快门前有一面反光镜，当你拍摄时反光镜会让你看到传感器"看见"的景象。按下快门后，快门在打开之前，反光镜会向上移动。这会导致相机机身发生较小的振动，从而导致图像模糊。在反光镜预升拍摄模式下，按一下快门将反光板向上移动并锁定到位，然后再次按下该按钮将快门移开并拍摄照片，这样可以使镜子移动时引起的任何小振动消失。

在**图36.2**和**图36.3**中，你可以看到使用长时曝光的拍摄效果。车灯混合成光线，任何移动的东西都变得像**图36.3**中的水一样模糊。若要确定这种类型图像的曝光值，可以使用第5节中"等效曝光的重要性"中介绍的等效曝光原理。使用

高ISO和浅景深（大光圈）进行拍摄，直到你获得了需要的曝光值为止，然后调整光圈和ISO进行长时间曝光。

我在拍摄**图36.2**和**图36.3**的时候，刚开始尝试了非常不同的曝光设置，如**图36.4**和**图36.5**所示。当我得到了我想要的曝光值后，我便把设置转换成小光圈、长快门速度和高ISO。

图36.1 尼康 D750 上的反光镜预升（MUP）拍摄模式将反光镜升起，并在拍摄图像之前将其锁定到位，从而让抖动消失

图36.2 长时间的快门将车头灯和尾灯变成了光迹
ISO 200; 30秒; f/16; 35mm

图36.3 我使用了20秒的曝光来让水面保持平滑
ISO 100; 20秒; f/16; 70mm

图36.4 一个较快的快门速度将正在行驶的汽车定格，这是一张非常无趣的照片
ISO 12800; 1/400秒; f/2.8; 35mm

图36.5 较快的快门速度在波浪翻滚至海岸的那一刻将其定格
ISO 12800; 1/200秒; f/2.8; 70mm

37. 为什么我热衷于拍摄水景

我非常庆幸能够居住在南加州，这里不仅风和日丽，而且靠近大海，这能让我可以享受夜景摄影的美好。水是夜景摄影的梦想前景，因为它可以变成柔和光滑的表面，反射每一道光线，打造出壮观的照片效果。

关于近水拍摄，我有两点建议。首先是使用较长的快门速度使水面看起来平滑，其次是探索不同的拍摄角度，直到找到可以在水中反射光线的地方。

想要打造超级光滑的水面效果其实非常容易。你只需要使用1秒或更长快门速度，然后看看照片效果是否符合你的期待。获得准确曝光值的最简单方法是将ISO设置为400，光圈设置为f/8.0，曝光模式设置为快门速度优先，测光模式设置为点测光。然后半按下快门，

查看相机认为准确的快门速度。如果快门速度为1秒或更长，请继续拍摄照片，然后查看照片效果。若要获得更长的快门速度，可以使用较低的ISO或／和较小的光圈。快门速度越慢，水越光滑，越有梦幻般的感觉。在**图37.1**中，柔滑的水面是使用30秒快门速度的结果。

当你在沙滩上拍摄长时间曝光的照片时，你需要了解当时潮汐的走向，这样你和你的三脚架和相机才不会被打湿。我曾遇到过在沙滩上使用三脚架架着相机拍摄的情况，水冲了过来，冲走了三脚架下的沙子。幸运的是，三脚架没有倒下，相机没有打湿，但三脚架确实发生了移动，那张照片便毁于一旦。如果我当初花了一分钟的时间来观察潮汐走向，我就可以轻易避开水。

若要拍摄水中的光线，请将相机安装在三脚架上，打开实时取景功能，并在观看相机屏幕的同时，调整相机的高度和角度，直到你看到反射的光。快门速度越慢，水就会变得越平滑，反射光也会越模糊。如**图37.2**所示，城市的灯光倒映在圣迭哥市中心和谢尔特岛之间的平坦水域。

如果你不住在大海或湖边，你仍然可以在夜间拍摄中使用水的反光这一元素，但是你就需要自己人为地制造水，或者等到暴风雨过后。在下雨之后（如果你有保护性的相机遮盖物的话，也可以在下雨时拍摄），街道其实就会反射很多光线，为你创造了很好的拍摄机会，可以在潮湿地区寻找拍摄场地，那里的水足够反射周围环境。

图 37.1 长时间曝光打造了光滑的水面效果
ISO 100; 30 秒; f/16; 20mm

图 37.2 长时间曝光使水中城市灯光的倒影变得柔和而模糊
ISO 100; 65 秒; F/16; 200mm

38. 如何打造星光璀璨的街灯效果

若要在照片中围绕可见光源打造出星光璀璨的效果，只需使用非常小的光圈（如f/18或更小）。当周围区域光线昏暗，与这一个光源形成鲜明对比的时候，最能打造出光芒四射的亮光效果。效果如何也取决于镜头的结构，当用来调节光圈的叶片十分接近时（而不是当叶片开得很大，叶片形成一个更圆的开口时），能打造一个更加光芒四射的星芒效果。

图38.1和**图38.2**显示了用两个不同光圈所拍摄的同一场景。你可以看到，使用小光圈大大增强了灯光周围的星芒效果。

因为我需要使用更长的快门速度拍摄**图38.2**这张照片，所以我使用了三脚架和快门线装置，以便一切都清晰可见。

图38.1 即使使用f/5.6这么大的光圈也无法产生星芒效果

图38.2 这张照片很容易看到星芒的效果，我使用了 f/22 的光圈拍摄了这张照片

39. 光绘摄影

光绘摄影是一种摄影技术，你可以使用外部光源选择性地曝光拍摄相机快门打开的部分场景。用光进行绘画十分简单，但若想要画出更好的效果，则需要练习、耐心以及在灯光关闭之前想象出结果的能力。

若要用光绘摄影，你将需要相机、镜头、三脚架、黑暗的房间、光和一个有趣的主题，然后只需按照以下步骤操作：

- 将相机安装于三脚架上。
- 将相机对焦于拍摄对象上。
- 关闭自动对焦功能，使相机在按下快门时不会重新对焦。
- 将曝光模式设置为手动。
- 将光圈设置为f/16。
- 将快门速度设置为B门。
- 关掉所有光。

- 使用遥控器或快门线触发相机快门。
- 使用闪光灯照亮拍摄对象，用光影进行涂鸦。
- 关闭快门。
- 查看照片。
- 调整设置，重复以上步骤直至满意。

图39.1中所示的是我拍摄**图39.2**和**图39.3**所使用的示例设置。

光绘摄影比较令人沮丧之处在于，你永远无法绘制出两个一模一样的作品。经过练习之后可以更容易确定你需要使用多少光以及在哪里绘制。当你第一次尝试使用此技术时，请将相机锁定在三脚架上，并使用曝光过程中不会移动的物体。如果你想尝试用人作为模特，就要确保他们尽可能地保持静止。

图39.1 对兰花进行光绘摄影的设置

图 39.2 　使用一个小而明亮的闪光灯绘
制兰花

图 39.3 　使用一道更大更柔和的光绘制
兰花

40. 拍摄月亮与夜空

当我们仰望夜空，看到一轮满月的时候，它不仅会引起我们的注意，也能激发我们的创造性。人类踏上月球，甚至能在其表面行走，实在令人惊叹。所有这些都使月亮变得伟大。但大多数将相机对准月亮的人最终都会对结果感到失望，主要的原因是照片中的月亮比夜空中看见的小得多。

为了拍摄出好的月球照片，需要使用焦距较大的镜头，如600mm或更高。2016年11月，也就是我写这本书的时候，我拍摄了自1948年以来最大的超级月亮（**图40.1**）。那天晚上，月球比过去的68年更加接近地球，也更加明亮。但是，即使是最大的月亮，在我的照片中看起来也没有特别震撼人心，这是由非全画幅传感器相机以400mm的焦距所拍摄（相当于600mm的焦距）。真的，如果你使用不到600mm的焦距拍摄，月亮看起来会有些令人失望，而且很难看清细节。

那么摄影师是如何拍出那些看上去震慑人心的关于月亮的照片呢？其实绝大部分与月球在夜空中的位置以及镜头的焦距有关。当月亮升起或降落时，它看起来比在头顶上时更大。使用长镜头拍摄时会发生距离的压缩。这种压缩可以使得月球与前景和中间地带的物体关系变得越来越近（**图40.2**）。

如果你了解当时的场景，拍摄出一张清晰的月亮照片并非难事。月亮十分皎洁明亮，它一直处于移动的状态，所以你需要使用相当快的快门速度来将它定格。由于月亮只占了画面中很小的比例，相机的内置测光表会没有足够的信息来设置准确的曝光，因此最好使用手动曝光模式。首先将相机设置为ISO 400、1/250秒、f/5.6。拍摄完成后，查看照片的曝光效果，并放大到100%查看焦点。如果月亮看起来太亮，请增加快门速度；如果太暗，请增加ISO。如果使用的快门速度低于1/250秒，则可能会出现月亮稍微模糊的情况。

图40.1 哪怕是超级月亮，使用非全画幅传感器相机以400mm焦距的镜头拍摄，在照片中看起来也挺小的
ISO 400; 1/250秒; f/8; 400mm（相当于600mm）

图40.2 这张照片中的月亮以低视角拍摄，城市天际线作前景。月亮的位置及其与前景建筑的关系使其看起来显得更大
摄影©丹尼尔•奈顿（Daniel Knighton），Pixel Perfect Images
ISO 400; 1/30秒; f/5.6; 600mm

星空也是一个很好的摄影主题，但拍摄出好的星光照片也会更复杂一点。你需要一个三脚架和一根快门线，以保持快门持续打开一段时间。你还需要一片晴朗的夜空，没有任何来自附近城市的灯光干扰。例如，当我将相机对准圣迭戈的夜空并将快门打开时，城市的灯光便开始流入画面。

要想拍摄出星光的照片，有两种不同的方法。第一种方法是将相机设置好，将镜头对准夜空的某一部分，然后将快门打开拍摄星辰。**图40.3** 就是这样拍摄而成的，照片拍摄于安萨玻里哥沙漠州立公园，那里几乎没有什么城市灯光。

当你使用这种方法时，你将面临的主要问题是如何确定快门持续打开的时间，以及使用多少的ISO和多大的光圈来获得准确的曝光值。最好的选择是使用等效曝光的概念来获得最佳设置。从时间较短的快门速度和高ISO开始尝试获得准确的曝光值，然后调整快门速度和ISO，直到获得足够长的曝光时间来拍摄星轨。你可以遵循以下这个示例，但请记住，你的曝光设置可能会有所不同，因为每个地方的夜空会不太一样。

- 将相机调至手动模式。
- 将ISO调至6400。
- 将光圈设置为f/5.6。
- 将快门速度设置为B门。
- 使用快门线进行90秒时长的曝光。
- 检查照片的曝光，如果图像太暗，请将曝光时间加倍至3分钟；如果图像太明亮，请尝试45秒的快门速度。
- 再拍一张照片，然后再次查看图像，根据图像效果继续调整快门速度，直到获得所需的图像。

当照片曝光看起来没有问题之后，你便可以更改ISO和快门速度，以获得更长的曝光时间，让星辰有更多的运动时间。请将ISO从6400降低至200，这将

图40.3 这张照片拍摄于安萨玻里哥沙漠州立公园，这里的光污染非常少
ISO 400; 600秒; f/5.6; 20mm

要求快门打开的时间大大增加。这里包含一个小的计算过程，但并不难。ISO 6400和ISO 200之间的区别是5挡光圈系数（6400−3200−1600−800−400−200）。每1挡光圈系数会将到达传感器的光量减少一半，因此你需要将快门打开的时间增加5挡光圈系数。例如，如果你在1分钟的快门速度和ISO 6400下设置了准确的曝光值，那么你将需要ISO 200、32分钟的快门速度。

第二种拍摄星轨的方法是首先拍摄一系列相同区域的照片，然后在后期处理中将它们结合起来。**图40.4**就是我的侄子泰勒用这个方法制作的。

图像堆叠的原理是将长时间曝光分解成多个小片段。例如，需要拍摄1个小时的曝光，你就可以将其拆分为两个30分钟的曝光。然后，你可以使用Photoshop中的图像统计功能将单个图像组合起来，创建成单个图像文件。操作步骤如下。

- 打开Photoshop。
- 打开"文件" > "脚本" > "统计"。这便会打开一个菜单，允许你选择你想要合成的文件以及操作方法。

- 选择你想要合成的图像。
- 将堆栈模式更改为最大值。
- 单击"确定"，文件便会在Photoshop中打开，现在就可以进行编辑了。

若想在拍摄星轨照片时获得最佳效果，请记住以下几点。

- 将相机对准北极星。你便能够观察到非常棒的天体运行轨道。
- 无论你只拍摄一帧还是拍摄多帧之后再进行合成，都需要长时间曝光。你至少需要30分钟的曝光时间，这才能记录大量的移动，从而造成更连续的轨迹。
- 尽可能地远离城市，这可以减少图像中灯光的干扰。

图40.4 我的侄子泰勒在得克萨斯州南部拍摄了这张星轨照片。他拍摄了211张照片，然后使用Photoshop进行合成，从而制作出了这张最终的照片
摄影©泰勒•托维克 (Tyler Torwick)
ISO 800; 24秒; f/2.8

41. 曙暮光

曙暮光是指太阳落山之后或太阳升起之前的时间。太阳落在地平线之下和夜晚来临之前，天空会经历颜色的变幻。太阳在清晨浮出地平线之前也会发生同样的变化。天空从白天到黑夜或从黑夜到白天会经历三种不同的曙暮光。有几种方法可以判断你所处的是哪一种曙暮光。

民用曙暮光：这是当太阳位于地平线6度以下的时刻。此时，你仍然可以清晰地看到你周围的物体。你不需要添加任何光线即可看清事物，并且在清晰的条件下仍然可以轻松地识别地平线。

航海曙暮光：当太阳位于地平线以下6～12度时，这便是一天当中的第二次曙暮光。在这段时间内，要准确辨别地平线十分困难，水手们不能单凭现有的光线进行导航。

天文曙暮光：此时太阳位于地平线以下12～18度。此时很难利用现有光辨别大多数事物，与夜晚的感觉相近。

随着太阳落山，天空由黄昏进入夜晚的过程中，同样的场景也可能会大不相同（**图41.1**-**图41.3**）。当我拍摄大多数夜空的时候，我会从暮色开始，一直拍摄到太阳落山之后。

人们经常说，黄金时间的光线拍摄效果是最好的。黄金时间指的是在太阳落山之前和太阳升起之后。由于光线传播的方式，一天中的这个时候，天空会呈现出一种更红的色调，此时的一切看起来都更加美好。黄金时间实际上是日落之前（或升起之后）与民用曙暮光的组合。如果你正在外面拍摄，在太

阳降至地平线之前千万不要停止，因为最好的光线还会再来。在日落之前，我便开始拍摄温莎西海滩上的那座茅草篷，但是那天晚上我最满意的一张照片拍摄于太阳落山的20分钟之后（**图41.4**）。

图41.1 我在太阳落至地平线之前拍摄了这张照片
ISO 200; 1/200秒; f/16; 20mm

图41.2 日落之后大约25分钟的时候，天空中会呈现出更多的红色
ISO 200; 1/4秒; f/16; 20mm

图41.3 这张照片拍摄于日落之后35分钟的时候。天空的蓝色加深，而在云层中仍然留有红色的痕迹，这时已经非常接近完全黑暗了
ISO 200; 25秒; f/16; 20mm

图41.4 太阳落山后20分钟，我在圣迭戈的温莎西海滩拍了这张茅草篷的照片
ISO 100; 30秒; f/13; 20mm

在日出时拍摄需要一些额外的计划，因为你首先需要在黑暗中设置你的设备，然后开始拍摄，一直拍摄至太阳升起。这意味着你必须在计划拍摄的前一天去该地点进行勘查，或者与熟悉该地区的人一起前往该地点。**图41.5**拍摄于太阳从地平线升起之前，但在那之前我就已经等了好一会儿了，因为需要捕捉光线恰到好处的那一时刻。当你拍摄日出时，你可能需要根据太阳和云层的外观来调整构图。

当拍摄日出或日落时，你可以采取以下几项措施确保你获得最佳效果。

- 日落时分的颜色比日出时分的颜色稍暖一些，所以如果你想要追求那种壮观的橙红色，可以重点拍摄日落。

- 在后期制作中对白平衡进行调整，从而恢复双眼实际所看到的颜色，而不是相机记录的颜色。有时相机会降低色彩的饱和度，因为它试图获得自然的效果，而不是实际呈现的那一片鲜红。

- 我喜欢将我拍摄的日出和日落照片归纳整理在一起，以便在后期处理中多一些选项。我通常会尝试拍摄五张曝光补偿从-2～+2的照片，然后整理在一起。这也使我能够进行高动态范围（HDR）摄影实验。

- 如果你对照片稍微曝光不足，那么你便会获得一张比实际的日出和日落颜色更饱和的照片。天空可能已经相当明亮，所以减少曝光可能会创造奇迹。

图41.5 这是当太阳冲破地平线时洛马角以东的景色
ISO 400; 1/30秒; f/5.6; 70mm

42. 光轨与烟火

当你在晚上拍摄照片并长时间保持快门打开时，任何移动的灯光都将留下一条明亮的线，显示它们所走过的路径。这是拍摄光迹和烟火的基本原理——打开快门，让光线在画面中移动，然后关闭快门。

拍摄车灯产生的光轨

看起来最生动的夜景照片，很多都是川流不息的车流从画面中穿过，留下许多条彩色光迹。这种拍摄方式十分有趣，并且无需太多的技巧或装备。你所需要的仅仅是一个很好的有利于拍摄的位置，可以看到光从画面中穿过。当交通拥堵或车辆不动的情况下，这种拍摄不会成功，因此，交通信号灯是拍摄此类照片的重要提示。当交通灯变绿，车辆背离你驶去或朝向你驶来时，你就可以开始拍摄了。

将相机安装在三脚架上，根据车辆的最佳驾驶路线进行构图。首先将焦点放在中间位置，然后关闭自动对焦，最后将曝光模式设置为手动，光圈为f/16，ISO为200，快门速度设置为B门模式。接着便只需反复试验，让光轨看起来符合你的想象即可（**图42.1**和**图42.2**）。

图42.1　汽车前灯和尾灯都是非常棒的夜景摄影主题。这张照片拍摄于山顶，拍摄的是圣迭戈高峰时段的交通
ISO 200; 15秒; f/16; 300mm

图42.2　在拍摄这张照片的时候，我使用30秒的快门速度，将车流变成了纯白色和红色的线条
ISO 200; 30秒; f/16; 200mm

快门速度越慢，留给光轨的时间就越多。我通常会从10～15秒开始尝试，然后根据需要进行调整。

用烟花在空中涂鸦

大家都爱玩烟花，其实利用烟花拍摄出酷炫的照片也挺容易。在开始介绍如何拍摄烟花照片之前，首先需要强调一些重要的安全问题。这可真的是在"玩火"，所以其危险性不容忽视。烟花燃烧时会变得很烫，很容易烧到你、你的衣服或周围环境，因此烟花需要被视为危险物品。

- 确保你所使用的烟花在你的所在地区是合法的。
- 选择室外拍摄。因为烟花有易燃的危险，所以千万不要在室内挥舞烟花。
- 确保周围的每个人都知道你在做什么。
- 确保附近没有易燃物品。
- 不要在非常干燥的地方使用烟花。如有必要，请先对该区域洒一些水，以免烟花的火星引起火灾。

对于年幼的孩童来说，这可能看起来很有趣，但这些烟花可能会导致灼伤，所以不要让年幼的儿童触碰烟花。

在拍摄这种类型的照片时，你需要一个几乎没有任何人造光的漆黑的夜晚，这样才能在黑暗的背景中拍摄到清晰的烟花。你还需要一名助手按住快门或在空中书写涂鸦。

将相机安装在三脚架上，让一个人站在烟花将会出现的位置，以便让你对焦。相机对焦成功之后，请关闭自动对焦。将ISO设置为200，光圈设置为f/8，快门速度设置为B门模式。准备就绪后，点亮烟花，然后按下快门开始曝光。用烟花在镜头前面的空中写字，当你认为拍摄完成时关闭快门。**图42.3**和**图42.4**中是我使用这种方法拍摄的结果。拍摄时移动烟花的速度很重要，速度越慢，快门需要打开的时间越长，所需的光圈也就越小。

拍摄烟火

拍摄烟火的照片其实比你想象的要容易。烟火大致集中在同一区域，所以你不必担心对焦的问题。把握拍摄烟火的时机也并非难事，因为你可以看到烟火上升和爆炸的

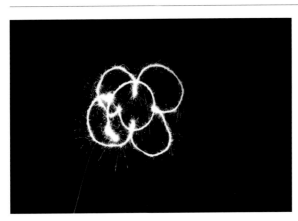

图42.3 我用烟花棒在空中画了一朵花。不过这不是有史以来最好看的花朵，因为实际操作起来比看起来难得多
ISO 200; 8秒; f/16; 70mm

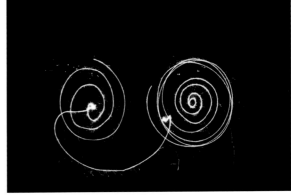

图42.4 在空中的书写速度越缓慢，可以让光迹拖得更长，但在这张照片中你可以看到一点点背景
ISO 200; 20秒; f/16; 70mm

过程。烟火真的是非常有趣的摄影主题。拍摄烟火的简易步骤如下。

- 寻找一个可以清楚拍摄到烟火的位置。
- 将相机安装在三脚架上，给相机连接上一根快门线或配对遥控器设备。
- 将快门速度设置为B门模式，光圈设置为f/11，ISO设置为200。
- 当第一簇烟火熄灭时，半按下快门，直到焦点锁定在烟火上。然后完全按下快门，直到烟花爆炸，然后松开。
- 将对焦模式调至手动。
- 查看照片的曝光效果。
- 在烟火直冲云霄的一刹那打开快门，然后在烟火消逝时关闭快门。
- 查看照片的构图与曝光。
- 根据需要调整曝光的长度。

　　烟火表演的结尾通常比整个过程的其他部分更加明亮，烟火也会更加丰盛，这便意味着你需要缩小光圈或缩短光圈开启的时间。如**图42.5**所示，你可以看到7月4日庆典期间烟火在空中绽放的美丽景象。

　　在你的烟火照片中加入一些其他元素可以使照片具有时间和空间感。在**图42.6**中，你可以看到观众的剪影，拍摄时只要使用更广的角度和更慢的快门速度即可。

图42.5　7月4日海洋沙滩码头上空绽放的烟火
ISO 200; 6.3秒; f/13; 70mm

图42.6　在照片中加入观看烟花的观众，赋予了照片更好的空间感
ISO 200; 10秒; f/13; 24mm

43. 拍摄城市灯光

当谈及夜景摄影时，很多人都会想到城市风光照片，这并非无稽之谈。夜晚的城市景观是一个充满活力、丰富多彩的主题，并且几乎任何一个夜晚都能让你拍到很好的效果。如果你想拍摄城市景观，有两大有利的拍摄位置。第一个是从远处拍摄城市，最好是在水面上拍摄，如**图43.1**所示。第二个位置是要尽可能高，可以俯瞰城市，如**图43.2**所示。

拍摄夜间城市景观时想要获得准确的曝光，可能会有点棘手，因为天空逐渐变暗，随着灯光的亮起，城市会变得更加明亮。具体操作步骤如下。

- 将相机安装在三脚架上并通过取景器进行构图。
- 将相机锁定到位并连接快门线或遥控器。
- 将曝光模式设置为快门优先。
- 将测光模式设置为矩阵（尼康）、评价（Canon）或多区域（Sony）测光。
- 将ISO设置为200。
- 将光圈设置为f/16。

图43.1 这是从科罗纳多岛的水面上拍摄的圣迭戈市中心的城市天际线
ISO 100; 13秒; f/10; 70mm

- 半按快门，并查看相机选择的快门速度。
- 将曝光模式更改为手动，并将快门速度设置为上一步中所选的值。
- 拍摄照片。
- 如果照片太亮，请提高快门速度。
- 如果照片太暗，请降低快门速度。
- 随着天色变暗，城市的灯光亮起，请继续调整并检查曝光。

图43.3显示了我不断调整曝光，直到得到我想要的照片（如红色方框所示）之前拍摄的所有照片。

当你想要拍摄一个充满了城市灯光的场景时，你必须等到灯光全都亮起，直到天空完全变黑，才会呈现灯火通明的模样。但是每年有一个时间会拍到天空仍然明亮，但城市的灯光已经逐渐打开的场景。这通常发生在夏时令和冬时令交替的时候，那时太阳起落的时间已经改变，但是城市灯光的开启和关闭的时间还没有调整。

图43.2 从某栋建筑物的40层所拍摄的圣迭戈市区
ISO 800; 5秒; f/2.8; 20mm

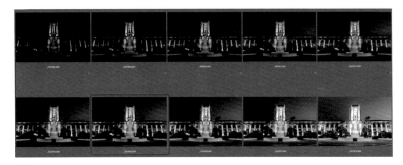

图43.3 这是我拍摄的一组照片在Adobe Bridge中从太亮到太暗的顺序排列

你还可以使用多次曝光来表现，建筑物里的灯光已经点亮，但天色并未完全暗下来的场景。这是我对于城市的灯光还未全部点亮、天空就已彻底变黑这种情形感到失望透顶之后发现的一个 Photoshop 小技巧。

若要实现这个效果，你需要两张照片：一张在自然光下拍摄的天空的照片（**图 43.4**）和一张灯火通明的建筑物照片（**图 43.5**）。然后，你可以使用图层蒙版（**图 43.6**）在 Photoshop 中合并这两张照片，以创建最终的照片（**图 43.7**）。

图 43.4 这张照片拍摄于太阳落山后约 10 分钟的时候。天空看起来是我想要的颜色，但城市的灯光还未出现
ISO 100; 2 秒; f/16; 200mm

图 43.5 日落之后大约 30 分钟，夜幕悄然降临，城市的灯光绽放出璀璨的光芒
ISO 100; 30 秒; f/16; 200mm

图 43.6 我在 Photoshop 中使用图层蒙版将两张照片合成在一起

图 43.7 最终照片既拥有城市的灯光，也有了傍晚的天空

第5章

弱光摄影照片的
Photoshop后期
处理技巧

第 5 章

数码摄影使得拍摄、处理和分享照片变得非常容易。你可以使用智能手机快速拍摄照片，在手机上直接编辑图像，然后立即通过电子邮件将其发送给某人，或者发布到自己的网站或博客上。现在的我们认为对照片进行编辑处理是理所当然的，但在过去，处理照片需要化学药品、特殊照明的房间，还有大量的设备，才能将曝光的胶片转变为可以使用的负片。现在我们可以将数字文件直接传输到我们的电脑，并使用先进的图像编辑软件编辑图像。在本章中，我将分享一些我用来编辑在弱光条件下拍摄的夜景图像的技巧，这些技巧可以解决使用非常高的ISO或长时间保持快门打开时可能出现的问题。在接下来的部分，我将介绍如何减少噪点、修复颜色、去除灰尘和划痕，以及调整图像中的色调。

44. 你真的需要降噪吗

当你在弱光条件下拍摄动作或风景照片时，将会出现的主要问题便是数字噪点，至少在相机技术相对落后的以前都是这样。较新型号的相机在较高的ISO下产生的噪点要比过去少得多。然而，即使相机技术有了惊人的进步，但仍然有很多时候你想要减少图像中的数字噪点，那么你的贴心小帮手Photoshop就可以闪亮登场了。

在**图44.1**和**图44.2**中，你可以看到分别使用型号较新的尼康 D750 和型号较老的尼康 D2X拍摄的相同场景。请注意，使用尼康D750拍摄的图像，数字噪点要少得多。

噪点在图像中显示为随机的斑点，在色调平滑的区域更为明显。减少杂色的原理是模糊图像，使噪点混合在一起，变得不那么明显，但这也降低了图像的清晰度。

有多种方法可以通过 Photoshop 减少动作和风光照片的中的噪点。不过在任何情况下，请确保图像曝光值准确，甚至可以稍微曝光过度一点，因为在图像的黑暗区域噪点会更为明显，最好不要在后期制作中增加照片的亮度。

图44.1 即使使用高ISO，型号较新的尼康 D750 所拍摄的照片的噪点也可能低于老式相机所拍摄的照片
ISO 3200; 1/125 秒; f/2.8; 70mm

图44.2 尼康 D2X是一款型号较老的数码单反相机，你可以看出，它在较低的 ISO 下所产生的噪点甚至比型号较新的相机在较高的 ISO 下产生的噪点更多
ISO 800; 1/40秒; f/2.8; 70mm

45. 基础降噪技巧

有几种基本的减少杂色的技术可以轻而易举地用于任何类型的图像。第一种技术适用于动作和风光图像，在 Photo Camera 的 Adobe Camera Raw（ACR）或 Lightroom 的"修改照片"模块中执行。第二种是通过 Photoshop 中的滤镜来实现。

Camera Raw 的减少杂色

第一种方法是我最喜欢的给图像减少杂色的方法。它简单快捷，而且效果显著。为了展示这个技巧，我将使用一个非常极端的例子：我将尼康 D3 的 ISO 设置为 25600，拍摄了一张照片。

Camera Raw 的"锐化"和"减少杂色"位于"细节"面板中（**图 45.1**）。这两个控件被归纳在一起，是因为当你减少图像中的噪点时，你也可能会失去细节，所以你可能需要给图像添加一些锐利的程度。

"锐化"包括四个控件：

- **数量：**调整应用于图像的锐化量。
- **半径：**调整应用锐化区域的细节的大小。基本上，细节精细的图像只需进行较低的设置，而细节较多的图像则需要较高的设置。

我发现 1.0 的半径似乎对我所有的图像都十分奏效。

- **细节：**不同于纹理细节，细节决定的是锐化对边缘细节的影响程度。较低的数值往往效果会更好，因为它能保持边缘干净，不会增加噪点。
- **蒙版：**这是一个非常酷的功能，它可以让你对应用了锐化的区域进行微调。它控制一个能让 ACR 自动应用的边缘蒙版。当此滑块设置为 0 时，相同数量的锐化将应用于整个图像，但是当你增加该值时，锐化将被限制在具有最强边缘的区域。按住 Alt（Windows）或 Option（Mac）键，你便可以看到正在应用锐化的位置。锐化将被应用的区域是白色的，而未被触摸的区域是黑色的。

"减少杂色"包括六个控件：

- **明亮度：**减少图像中的亮度噪点，即像素亮度差异所显示的噪点。
- **明亮度细节：**控制亮度噪点阈值。较高的值可以保留更多的细节，但会产生噪点较大的图像。较低的值可以降低噪点，但也可能会丢失一些细节。

- **明亮度对比：**控制图像中的对比度。较高的值能够保证一定的对比度，但会产生更多的噪点。较低的值可降低噪点，但也会降低对比度。
- **颜色：**减少杂色。杂色表现为不同颜色、亮度相同的噪点。
- **颜色细节：**控制颜色阈值。阈值越高越能够保留颜色边缘的细节，而较低的阈值可以消除颜色噪点，但也会导致颜色溢出。

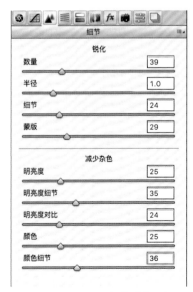

图45.1 Camera Raw 的"细节"面板

- **颜色平滑度：** 减少暗色区域的噪点（在弱光图像的阴影区域中显示为斑点区域）。

现在我们来看看在Adobe Camera Raw中减少杂色的具体操作步骤。我将使用**图45.2**作为示例图像。请记住，你可以在Photoshop中打开Camera Raw滤镜，因此你可以随时将这些减少杂色的设置应用于任何类型的图像（JPEG、RAW或TIFF）。具体设置可能会因图像的不同而有差异，这取决于拍摄对象、图像中的噪点数量以及要去除的噪点数量。

1. 在Camera Raw中打开图像。

2. 单击"细节"菜单。

3. 双击对话框左上角的"缩放"工具，将图像关键区域放大至100%。如果不放大至100%，你根本看不清具体情况。按下键盘上的空格键，调出"手形"工具，它可以让你在图像中四处移动。

4. 将"锐化"量设置为25。我们将在应用减少杂色的功能后再来进行调整。

5. 将"半径"值设置为1.0。

6. 将"细节"值设置为25。

7. 按住Alt（Windows）或Option（Mac）键并向右滑动蒙版的滑块，直到只能看到图像的轮廓（**图45.3**）。这确保了锐化主要应用于图像中的拍摄对象而非背景。在这个图像中，我把蒙版滑块设置为88。

8. 将"减少杂色亮度"滑块向右滑动，直到噪点开始消失。我从来没有尝试过50以上的数值。即使在编辑这张噪点非常多的图像时，我也只尝试滑动至43。

9. 根据需要调整锐化量，我把它移到了36。

10. 现在调整"蒙版"来查看是否可以通过调整被锐化的区域来进一步降低噪点。

11. 将"明亮度细节"设置为25。

12. 将"明亮度对比"设置为0。这确实会降低图像中的对比度，但是我通过Camera Raw主菜单上的对比度设置将其恢复。

13. 将"颜色"设置为25。

14. 将"颜色细节"设置为50。

15. 将"颜色平滑度"设置为50。

要想消除图像噪点，还需要在这些设置方面下很大的功夫，但请记住，减少杂色只是编辑过程的一部分。

图45.2 你会发现本书第3章曾出现过这张照片。俱乐部内光线昏暗，所以我需要使用非常高的ISO来获得准确的曝光值
ISO 25600；1/320秒；f/2.8；60mm

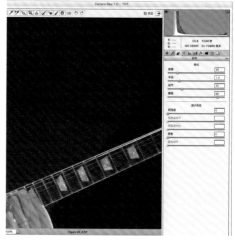

图45.3 你可以在调整"蒙版"控件的同时按住Alt（Windows）或Option（Mac）键来查看蒙版覆盖的地方

图45.4 这是进行了减少杂色处理后的最终图像。你可以发现背景区域变得更光滑了

减少杂色滤镜

Photoshop有一个减少杂色滤镜的工具，它可以控制各个颜色通道。这是一个非常强大的工具，特别是当你将它用作一个可调节的智能滤镜的时候。首先在Photoshop中打开一个图像，我将以**图45.5**为例。

通过双击背景图层将图层转换为智能对象，并将名称更改为具有描述性的名称（在本例中为Mark_ISO_12800），然后单击确定。现在选择"图层">"智能对象">"转换为智能对象"。这使你可以使用智能对象的功能来应用和微调减少杂色，这意味着你在图层上执行的编辑是可调整的。现在进入"滤镜">"杂色">"减少杂色"，便会弹出如**图45.6**所示的对话框。

当你在"减少杂色"对话框中选择"基本"时，会出现以下四个滑块。

- **强度：**降低亮度噪点。
- **保留细节：**通过保留高对比度区域中的细节来平衡强度滑块。这样做也会增加噪点。
- **减少杂色：**减少图像中的杂色。
- **锐化细节：**通过锐化高对比度区域来保留细节。

此滤镜的实际功能位于"高级"部分，在这里，你可以查看"整体"设置和"每通道"设置。在"每通道"视图中，可以通过调整"强度"和"保留细节"滑块分别给红色、绿色和蓝色通道减少杂色。你可以在**图45.7**中看到这些控件。

这是一个减少图像中的噪点量并保持细节的平衡行为。因为我们将图层转换为智能对象，所以你可以随时返回并根据需要调整设置。**图45.8**显示了将三个不同通道的噪点降低后的最终图像。

图45.5 这是应用减少杂色滤镜之前的原始图像
ISO 12,800; 1/80秒; f/2.8; 185mm

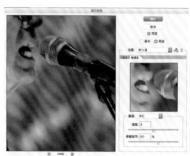

图45.6 Photoshop的"减少杂色"对话框

图45.7 你可以使用"减少杂色"滤镜的"高级"选项卡中的"每通道"控件，分别将减少杂色应用于红色、绿色和蓝色通道

图45.8 这是在 Photoshop 中应用"减少杂色"滤镜之后的最终图像，整个图像变得更加自然

46. 风光摄影的减少杂色技术

我发现，接下来即将介绍的减少杂色技术，其使用在主体和相机都不移动的图像上的效果会稍微好一些。本节中的第三种技术是将多个曝光后的图像合成在一起，以便减少噪点。这种技术仅适用于多个具有完全相同的拍摄对象的图像，因此你需要提前进行规划，并在拍摄时注意这一点。

表面模糊滤镜

当色彩通道中的噪点很重时，此方法非常有效。你可以通过在其中一个颜色通道上使用Photoshop的"表面模糊"滤镜来减少噪点，并通过不改变其他颜色通道的设置来保留细节。

首先，你需要分别查看每个颜色通道，看哪个通道的噪点最明显。这个操作十分容易：只需在Photoshop中打开图像，然后单击"通道"选项卡，接着点击每个通道逐一查看，并注意哪个通道的噪点最明显。如**图46.1**所示，你可以

看到屏幕中心有很多噪点，而选定的颜色通道位于右侧。

当你确定了你想要应用"模糊"的那个通道之后，确保它被选中，然后选择"滤镜"＞"模糊"＞"表面模糊"。"表面模糊"滤镜可以使具有相同色调的大面积区域变得模糊，但保持其边缘了清晰度，这个功能非常适合减少杂色。模糊量受到两个滑块的影响："半径"和"阈值"（**图46.2**）。"半径"滑块决定模糊采样区域的大小，"阈值"滑

图46.1 日落之后我用ISO 128000拍摄了这张照片，造成了很多噪点。你可以看到红色通道的噪点很多，所以我会将"表面模糊"滤镜应用于红色通道

图46.2 "半径"和"阈值"滑块允许你控制将应用于选定图层的模糊量。因为我的图像上有很多噪点，所以我选择了"70"的半径和"45"的阈值

块控制将会受到影响的同一色调的周围像素的改变程度。我喜欢将"半径"调至高达60或更高来模糊整个图像中的色调，然后使用"阈值"滑块来控制边缘，从10左右开始尝试，并根据需要继续移动。这些值的具体设置取决于图像中的拍摄对象、噪点量以及你的个人偏好。

当我将"表面模糊"滤镜应用于第一个受影响最严重的颜色通道之后，我便可以根据图像的需要，对其他通道执行相同的操作。我通常会为第二个图层和第三个图层选择一个更低的半径和阈值，因为它们并不需要那么高的平滑度，而且我希望保持图像清晰的效果。很多时候我只是把"表面模糊"滤镜应用到最糟糕的那个通道上，然后再用Camera Raw滤镜做一些减少杂色的处理。

因为这种技术其实会造成图像模糊，所以太容易应用过度以及模糊过度。但是你也可以用它来让图像更具绘画的感觉。在**图46.3**中，你可以看到相同图像使用"表面模糊"滤镜前后的区别，只有红色和绿色通道应用了减少杂色。在这个例子中，我对两个通道应用了模糊的效果，打造出一个更加超现实的图像。

图46.3 我将"表面模糊"滤镜应用于此图像中的"红色"和"绿色"通道，使整个图像具有轻微缥缈的外观

历史记录画笔

有时，图像某些部分的噪点比其他区域更加明显，因此无需对整个图像进行减少杂色处理，而只需处理一小部分图像即可。"历史记录"画笔可以让你有选择性地轻松去除一些噪点。步骤看似很多，但等你开始操作时就会发现其实很简单。

1. 在 Photoshop 中打开图像。

2. 选择"滤镜">"模糊">"高斯模糊"。我使用的半径足以模糊图像，约1到1.5像素。

3. 选择"窗口">"显示历史记录"，打开"历史记录"。

4. 在"历史面板"菜单中，点击"历史记录选项"（**图46.4**）。

5. 选中"允许非线性历史记录"框。

6. 在"历史记录"面板中，单击"高斯模糊"旁边的小框，将出现"历史画笔"图标。

7. 选择"高斯模糊"以前的状态，这将使图像返回到减少杂色之前的状态。

8. 选择"历史记录画笔"。

9. 在顶部菜单栏中更改"历史记录画笔模式"的"颜色"，将"不透明度"和"流量"更改为100%。

10. 在噪点区域涂画。

"历史记录画笔"使用"高斯模糊"状态作为其来源，所以你可以将模糊效果绘制到图像上（**图46.5**）。色彩混合模式能够保留细节，同时使杂色的像素减少饱和度，使其不那么明显。

图46.4 在"历史记录选项"对话框中，你可以选择"允许非线性历史记录"

图46.5 左侧的图像显示的是噪点为100%的区域的效果。右侧的图像显示同样的区域在使用"历史记录画笔"进行"减少杂色"涂画后的效果

合成多次曝光图像以减少杂色

合成多次曝光图像是给弱光场景减少杂色的好办法，但是你必须提前计划并为完全相同场景拍摄多幅图像。这个办法可行的原因是数字噪点是随机的，也就是说如果你给同一场景拍摄一系列照片，每个图像的噪点都将会不同，而你的拍摄对象是相同的。当你合成曝光图像时，来自每次曝光图像的噪点像素将与来自其他曝光图像的不含噪点的像素进行平均。

你将需要一组具有相同构图的图像，因此最好使用安装在三脚架上的相机拍摄所有图像，并确保相机和拍摄对象都不会在画面中发生任何移动。有两种方法可以用来合成曝光图像同时手动平均所有图层，也可以让 Photoshop 自动进行。

方法 1 - 手动平均图层

这个原理是将每个图像叠加在不同的图层上，并将它们混合在一起，以便每个图层均匀地为最终图像做出一份贡献。在 Photoshop 中打开图像，然后将每个图像复制并粘贴到相同的文档上。每个图层的不透明度设置决定了它下面可以透过多少图层。我喜用四个透明度不同的独立图像：

- 背景图层设置为 100%。
- 图层 1 设置为 50%。
- 图层 2 设置为 33%。
- 图层 3 设置为 25%。

图 46.6　我将四次曝光图像进行合成，并改变了每一个图层的不透明度，创建了最终的图像

图 46.7　最终图像中的噪点大大降低

图**46.6**显示的是"图层"面板中的四个单独图像。图**46.7**显示的是通过合成多次曝光来减少噪点之前和之后的图像。

方法2-使用Photoshop的"堆栈"功能

Photoshop可以使用"堆栈"功能自动将图像合成，这是一种数学魔术。同样，你需要一组同一时间在同一地点拍摄的图像，使用安装在三脚架上的相机拍摄图像的效果最佳。你将图像依次添加到一个堆栈中，然后将其中一个混合函数应用于图像堆栈。由于噪点是随机的，因此所有图像的噪点都会出现在不同区域，所以当Photoshop将图像合成时，噪点就会得以去除。

- 打开Photoshop，"文件">"脚本">"将文件载入堆栈"。
- 点击"浏览"并选择想要在堆栈中使用的图像（图**46.8**）。
- 在"载入图层"后，查看"尝试自动对齐源图像"并"载入图层后创建智能对象"。
- 单击确定，从多次曝光中创建一个智能对象。你可以双击此智能对象以便单独查看图层。
- 然后点击"图层">"智能对象">"堆栈模式">"中间值"来合成曝光图像（图**46.9**）。

图**46.8** 这是"载入图层"对话框，你可以在其中选择要在堆栈中使用哪些图像

图**46.9** 很多种计算方法都可应用于图像堆栈，但若要减少噪点，请使用"中值"设置

Photoshop现在已将这些曝光图像合成，创造出一个降低了噪点的单一图像。如果你可以提前计划，拍摄多个图像，那么这个减少杂色方法简单又便捷。

图46.10 最终图像中的噪点减少了许多

47. 调整对比度以及加深和减淡

几乎每张图像都需要进行一些对比调整。以高 ISO 或长时间曝光拍摄的图像尤其如此。在 Photoshop 中调整图像的对比度和曝光的方法有很多，在本节中，我将介绍用于调整 Camera Raw 中图像的曝光度和对比度的基本步骤，以及如何使用加深和减淡工具。

对比度调整

我发现了一个最简单的调整我在夜间或弱光条件下拍摄图像对比度的方法，那就是在 Camera Raw 模块中进行基本的编辑调整。当我编辑图像时，我倾向于每次都遵循相同的步骤，即使不是每个图像每次都需要进行调整。

我的基本工作流程是首先调整白平衡，然后从底部开始往上一一进行调整（**图 47.1**）。我调整"清晰度"滑块，然后调整"自然饱和度"和"饱和度"滑块。接着，我会调整"黑色"、"白色"、"阴影"、"高光"

和"曝光"的滑块。最后，我调整对比度。

- **清晰度：**增加（或降低）图像中色调的对比度，可以真正锐化（或柔化）整个图像的外观。调整一点就会产生很大的改变，而我虽然会首先调整清晰度，但在最后我还是会回到这里做一个最终调整。
- **自然饱和度：**控制图像的饱和度，并试图保持肤色不变。
- **饱和度：**增加或减少图像的总饱和度。
- **黑色：**调整暗部溢出。
- **白色：**调整亮部溢出。
- **阴影：**这个控件简直是演唱会照片的救星，因为演唱会上的表演者通常背光或戴着帽子，这会在他 / 她的脸上投下阴影。当你将控制滑块调至右侧时，阴影会变亮，从而让黑暗区域变浅。如果将控制滑块调至左侧，阴影会加深，使最暗的区域变更暗。

- **高光：**该控件可调整图像中最亮的区域。如果将其拖到左侧，则会降低高光区域的亮度，让过度曝光的区域变暗，这可能恢复照片中丢失的细节。如果将其向右滑动，则会使图像中最明亮的部分变得更亮。
- **曝光：**控制图像的整体曝光值。你可以将图像的光圈系数从 -5 调至 +5。
- **对比度：**控制图像的总体对比度。

在这些控件中做出的每一点调整，都会给图像带来十分大的改变。当你使用长时间快门拍摄图像时，你需要提高图片的清晰度。当你编辑人像照片时，你需要控制一点。

图 47.2 是我拍摄的一张温莎西海滩的照片，这个图像有点黑，需要根据我看到的实际情况进行调整，从而真实地反映场景。我使用了 Camera Raw 中的基本图像校正控件对图像进行编辑（**图 47.3**），得到了如**图 47.4** 所示的最终图像。

图47.1 Camera Raw中的基本图像校正控件

图47.3 Camera Raw中进行调整后的基本图像校正控件

图47.2 这张温莎西海滩的照片需要一些基本的调整，使它看起来更像我在相机前面看到的场景

图47.4 应用了基本校正的最终图像

加深与减淡

这是我最喜欢的一个调整夜间拍摄图像的技巧。可能是因为当我开始从事摄影工作的时候，我是在一个小黑屋里编辑处理照片，这些工具对我来说真的再熟悉不过了。当你使用触控式 Wacom 数位板来操作 Photoshop 的"加深与减淡"工具的时候，编辑就会变得非常简单。

我总是从固定的设置开始尝试（**图47.5**），在"减淡"工具方面，我会将"范围"设置为"高光"，将"曝光"设置为10％，然后打开"保护色调"。在"加深"工具方面，我会将"范围"设置为"阴影"，并将"曝光"设置为10％，然后打开"保护色调"。

首先复制图层，以便可以调整不透明度并微调效果，当图层被复制后，你所要做的就是使用"加深"工具来涂抹需要变暗的区域，并使用"减淡"工具涂抹需要变亮的区域。例如，**图47.6**缺乏对比度，所以我使用了"加深与减淡"工具，使黑暗区域变暗，亮区变亮。**图47.7**中显示的就是我涂抹的区域。（黑色代表加深区域，白色代表减淡区域。）**图47.8**显示的是最终图像，其对比度得到了增加。

图47.5 我总是先从这些固定的"加深"（顶部）与"减淡"（底部）工具的设置开始尝试

图47.6 原始图像的对比度有所欠缺

图47.7 我使用"加深"与"减淡"工具来增加图像中的对比度

图 47.8 最终图像的对比度得到了增加

48. 调整白平衡，使用曲线优化色彩

"白平衡"设置负责告诉相机拍摄照片时光线的颜色，以便在图像中获得准确的颜色。当使用自动白平衡模式或是在夜间混合光线条件下拍摄时，相机很容易犯错误。幸运的是，我们在使用Photoshop进行后期处理时，有一种非常简单的方法可用来调整白平衡。

Camera Raw模块允许你根据文件类型以几种不同的方式调整白平衡。你可以使用吸管在图像中选择一个中性点（**图48.1**），或使用滑块调整颜色（**图48.2**），也可以使用包含不同照明类型预设的下拉列表（**图48.3**）。由于你可以在Photoshop中将Camera Raw模块作为滤镜打开，因此你可以调整任意一个单独图层的白平衡，但是在这种情况下预设下拉列表只包含三个选项："原照设置"、"自动"和"自定"。调整各层白平衡的重点在于可以调整图像的不同部分，并通过使用图层蒙版来轻松地进行组合。

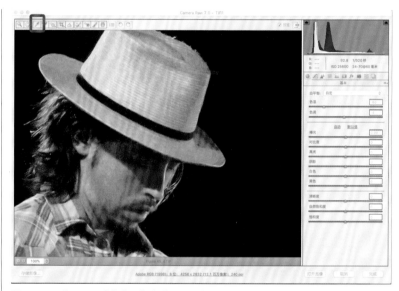

图48.1 吸管工具可让你在图像中选取一个点设置为中性，其余颜色将自动调整

图48.2 你可以使用这两个滑块调整图像的白平衡。最上面的那个控件可以由冷至热（由蓝色至黄色）调节色温，底部的控件由绿色至红色调节色调

图48.3 白平衡下拉菜单可让你快速从预设列表中选择拍摄的照明类型。如果在Photoshop中打开Camera Raw作为滤镜，或者如果你正在调整TIFF或JPEG文件的白平衡，则此菜单将仅包含"原照设置"、"自动"和"自定"选项

我 以 非 常 高 的 ISO 拍 摄 了
图48.4，这导致图像发生了一些颜
色偏移，LED灯使图像看起来太过
于暖色调。我用颜色选择器挑选我
认为是中性的地方，所有的颜色都
据此有所改善（**图48.5**）。

另一种快速调整图像颜色的方
法是使用Photoshop中的"曲线"
调整，通过选取黑点和白点，可以
重新映射图像中的颜色。你也可以使
用此方法通过故意引入色彩来调整
图像的色调。其操作步骤很简单，调
整范围可以从非常微妙到非常明显。

1. 在Photoshop中打开图像。

2. 点击"色调曲线"面板，打
开"色调曲线"面板（**图48.6**）。

3. 在"色调曲线"面板中将通
道改为"红色"。

4．选择"黑场"吸管（**图
48.7**）并点击图像中纯黑色的区域，
或者至少是你想要让其变黑的区域。

5．选择"白场"吸管并点击图
像中纯白色的区域，或者至少是你
想要让其变白的区域。

6．对"绿色"和"蓝色"通道
重复此过程。

图48.4 在我调整白平衡之前，这张照片
显得太过于暖色调了

图48.5 红色箭头指向我选择的中性位
置。完成这些操作之后，图像中的所有颜
色都得到了改善

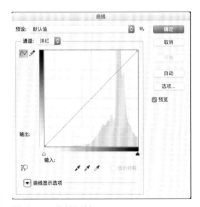

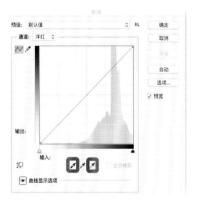

图48.6 曲线属性

图48.7 "黑场"和"白场"吸管

你可以更改黑白场的颜色，为图像增加一点彩色。例如，我将图48.8中的黑场从纯黑色改为红色，这使得图像呈现出红色的效果，如图48.9所示。

若要更改黑点，请打开曲线调整面板，然后双击"黑场"吸管。拾色器将打开，允许你重新选择黑色，你也可以对白点采取同样的操作。

图48.8　这个图像中的颜色看起来很自然

图48.9　通过将黑场从纯黑色改变为红色，我将图像变为红色。

49. 去除灰尘与划痕

当你使用f/2.8或f/4这样的大开光圈拍摄照片时，你根本看不到镜头上可能存在的任何灰尘和污垢。但是当你开始用f/16或f/22这样的小光圈拍摄时，镜头上的每一粒灰尘和污垢都会出现在图像中。无论我觉得自己的装备多么干净，f/16的30秒曝光都会将我错误的认知暴露于众。

减少杂色后，我通常会尝试去除灰尘和划痕留下的斑点，因为减少杂色有助于减少较小的斑点。Camera Raw模块包含一些处理污垢和划痕的最佳工具，特别是"使位置可见"设置，它将显示你需要修复的内容。这可以在Photoshop中打开RAW图像时运行，也可以在任何图像上作为滤镜运行。

首先点击**图49.1**所示的"污点去除"工具，然后打开屏幕右侧面板底部的"使位置可见"选项。当你将控件滑到右侧时，图像中的斑点将显示为白色（**图49.2**）。

图49.1 点击"污点去除"图标打开工具

图49.2 打开"使位置可见"设置并向右滑动控件，可以看到图像中的灰尘和斑点

你可以从"类型"下拉菜单中选择"修复"或"仿制",使用它们来删除斑点。你可以调整画笔的大小以消除较小的灰尘和较小的划痕。因为想要找到所有的斑点和灰尘并非易事,所以需要慢慢来。我更喜欢通过在 Photoshop 中运行 Camera Raw 滤镜来去除灰尘和污垢,而不是在 Camera Raw 刚打开图像时便删除所有杂质。我只是想要确认这个图像能够符合我需求的时候,再去花时间做这些工作。请遵循以下步骤用 Adobe Camera Raw 滤镜清除灰尘和划痕:

- 在 Photoshop 中打开图像。
- 将原始图像作为背景进行复制,并在复制图层上进行调整。
- 确保已选择新的图像图层,然后点击"滤镜">"相机原始滤镜"。
- 点击"污点去除"工具。
- 打开"使位置可见"视图并将控件移动到右侧,以便可以看到所有的点。
- 从"类型"下拉菜单中选择"克隆"或"修复",然后使用画笔修复斑点。在操作时你可以在两种画笔类型之间切换,还可以调整画笔的大小、羽化和不透明度,以用于图像的不同区域。

我不知道我的镜头和镜头上有多少杂质,但是"污点去除"工具真的拯救了我的图像。(如**图49.3**和**图49.4**所示)

图49.3 我的传感器或镜头上有一些非常大的污垢和灰尘,导致图像的天空中出现了这些黑点

图49.4 我能使用 Camera Raw 删除这些斑点,删除后的图像看起来更加干净

50. 利用混合模式快速调整对比度

在本书的最后一部分，我将分享一个我以前学习到的、至今仍在使用的 Photoshop 技巧，因为它很简单、便捷，并且可以为图像添加一些流行元素。

这种技术依赖于"变亮混合模式"，该模式会混合图像中的亮度，但不会对颜色造成影响。这使你可以调整对比度而不会弄乱图像的颜色。我喜欢用图像的高对比度黑白版本制作新图层，然后使用"变亮混合模式"进行混合。这使得黑暗的部分更暗，明亮的部分更亮。因为我可以控制混合图层的不透明度，所以我可以调整应用效果的大小。**图50.1** 显示的是我在添加此效果之前的原始图像，**图50.2** 显示的是在70%不透明度下应用了效果的同一图像。

这项技术的关键在于不能疯狂使用，而是要让图像保留一种微妙的改善后的对比度效果。我通常会将不透明度设置为20%左右，但这太微乎其微了，在本书的图像中如果按照这个比例来应用，可能大家根本看不出效果差别。就像我在本章讨论过的每一种技术一样，可以

图50.1 经过编辑后的原始图像，但还未应用最后的这项技术
ISO 4000; 1/200秒; f/2.8

图50.2 我将"变亮混合模式"应用于一个透明度为70%的复制图层之上，为了改善图像的对比度。最终图像的阴影区域变得更深，明亮区域变得更亮了

从大胆的变化开始尝试，然后逐渐淡化效果，直到获得所需的效果。

只需遵循以下几个简单步骤即可应用这项技术：

- 在 Photoshop 中打开图像。
- 复制图层。
- 确保选择了新的图层，然后进入"图层">"新调整图层">"黑白"（**图50.3**）。
- 进入"图层">"合并"。
- 在"图层"面板中，将"混合模式"更改为"变亮"。
- 根据效果的强度调整图层的不透明度（**图50.4**）。

这种效果也可以用在风景照片上，尤其是在黑暗区域比较黑、明亮区域比较亮的地方，所以对于城市景观的照片非常有用。**图50.5**显示的是圣迭哥市中心黄昏时的照片，**图50.6**显示的是应用了"变亮混合模式"效果的同一场景。

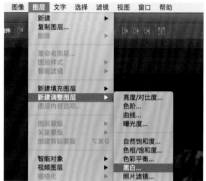

图50.3 添加"黑白"调整图层

图50.4 你可以通过调整复制图层的不透明度来微调效果的强度

图50.5 添加"变亮混合模式"图层之前的圣迭哥城市天际线

图50.6 应用了"变亮混合模式"图层的最终图像

图书在版编目（CIP）数据

夜景与弱光摄影：拍出好照片的50个关键技法 /
（美）艾伦·赫斯（Alan Hess）著；朱禛子译. -- 北京：
人民邮电出版社，2018.11
ISBN 978-7-115-49054-4

Ⅰ. ①夜… Ⅱ. ①艾… ②朱… Ⅲ. ①摄影技术
Ⅳ. ①TB8

中国版本图书馆CIP数据核字(2018)第184079号

版权声明

内 容 提 要

光线对照片的影响非常大，如果遇到夜间、傍晚等在弱光条件下拍摄的情况，那么摄影就会变得十分困难，而本书所介绍的内容恰好
可以解决这些问题。

本书将摄影初学者入门所需的弱光摄影的知识拆分成50个摄影法则，设计成一节一节课的趣味阅读方式，读者可以像游戏闯关一样，
一级一级地挑战通关，从而更好地掌握每一项弱光摄影技法，创作出更具创意的影像作品。书中不仅详细介绍了在弱光条件下摄影相对困
难的原因，同时讲解了大光圈的调节、等效曝光及多重曝光等应对方法。同时也分析了如何借助曙暮光、慢速快门等方式拍摄城市灯光、
星空、光轨和人像等。不论是刚入门的摄影初学者，抑或是已经有一定经验的摄影发烧友，都能从本书获益良多。

◆ 著　　　　[美] 艾伦·赫斯（Alan Hess）
　 译　　　　朱禛子
　 责任编辑　张　贞
　 责任印制　周昇亮
◆ 人民邮电出版社出版发行　　北京市丰台区成寿寺路 11 号
　 邮编　100164　　电子邮件　315@ptpress.com.cn
　 网址　http://www.ptpress.com.cn
　 北京东方宝隆印刷有限公司印刷
◆ 开本：787×1092　1/20
　 印张：6.6　　　　　　　　2018 年 11 月第 1 版
　 字数：212 千字　　　　　　2018 年 11 月北京第 1 次印刷
　 著作权合同登记号　图字：01-2017-5600 号

定价：59.00 元
读者服务热线：(010)81055296　印装质量热线：(010)81055316
反盗版热线：(010)81055315
广告经营许可证：京东工商广登字 20170147 号